探す

アメリカとメキシコの国境にて。世界中のプラントハンターと情報交換をしながら秘境でめずらしい植物を探しだす。これまで世界27ヵ国でハンティングをしている。

切る

真冬、熊本県にて桜の枝を切る。枝ぶりや花つきを一瞬で見極め、木に登る順序を段取りし、命綱なしで登る。死と隣り合わせの状況の中、迷いは禁物。

育てる

一面ガラスに覆われた花宇の温室には常時、3000種類以上の植物がある。上下左右どこを見渡しても植物のある二階建ての温室は太陽の光がたっぷり入る。

咲かす

桜の枝を温室に入れ、開花調整をする。開花調整とは、花の咲く時期を思いのままにコントロールする技術のこと。これにより、真夏に桜を咲かすこともできる。

魅せる

スペイン。日本ではお目にかかれない樹齢1000年のオリーブ。幹がうねり、ねじれていて歴史を感じさせるが、葉はあくまでもみずみずしく強い生命力にあふれている。

徳間文庫カレッジ

プラントハンター

命を懸けて花を追う

西畠清順

TOKUMA BUNKO COLLEGE
TBC 2014

徳間書店

プラントハンター　命を懸けて花を追う

目次

◉巻頭口絵
11 はじめに

第一章　人の意識を変えた花

16 世界最大の食虫植物
24 欲望の行きつく先は植物
30 樹齢一〇〇〇年の大木

第二章　記録と記憶に残る花

54 海を渡った世界最大の木

65 咲き続けるエキウム

74 妻の名前を永遠に残す

第三章　皮肉の花

80 日本で燃やされた植物

92 バオバブとサイザル

101 ソコトラ島の未来をつなぐ

113 植物は枯らしてもいい

第四章　苦しみの花

118　父の殺気
128　死と隣り合わせの職人修業
136　花宇からの逃走
139　父をうならせた御《み》車《ぐるま》返《がえ》し

第五章　死の花

148　死にかけたカラマツ
156　虫の恐怖

第六章　かけひきの花

168 八〇万個のソテツの種
176 新しい花ビジネス

第七章　縁を結ぶ花

182 その花を愛し、その根を想《おも》う
196 幻の桜
208 銀閣寺の花

第八章　快楽の花

花のエロス　220
狩りの快感　226
私が見たい花の瞬間　230

第九章　奇跡の花

祈りの仏芭蕉《ほとけばしょう》　234
世界にひとつだけのひまわり　243

259 おわりに
263 文庫版のためのあとがき
271 解説 「情熱大陸」プロデューサー 福岡元啓
◉巻末口絵 [花宇植物図鑑]

・口絵デザイン
トサカデザイン（戸倉 巌、小酒保子）

・口絵写真
宮本敏明（ソコトラ島）
田中一矢（花宇温室）

はじめに

たとえば、私のもとにはこんな電話がかかってきます。

「天皇陛下がご出席になる園遊会にふさわしい松の木がほしい」

「うちの植物園の来年の目玉になりそうな植物、なにかない？」

「ピカソが作った壺に似合う植物を探してください」

「一月十五日に七分咲きの状態で三・五メートルの桃の枝を二〇本ください」

「真夏のイベントで桜を飾りたいんですけど、ありますか？」

「能の舞台に使う花材がほしいんだけど……」

「タイの王族に献上する珍しい植物を一カ月後までにそろえといて」

「このイメージラフのこの部分に合う花ってなんだと思う？」

日本各地のみならず、世界各国あらゆるところを駆けずり回り、依頼のあった植物

をお客さんに必ず届ける。これが、私の仕事です。依頼人は、植物のプロばかり。花の卸売業者に納品することもあれば、植物園の研究員を納得させる希少植物を探し出すこともある。

そうかと思えば、フラワーデザイナーのアート作品に花材を提供することもあるし、活け花の先生に依頼されて、「この花どうですか？」と自分が仕入れてきた日本初上陸植物を提案することもあります。

プロが相手だから、要求も高い。そんな緊張感の中で、無理難題に応《こた》えていかなければなりません。私のもとにくるのはそんなハードルの高い依頼が多い。

でも、難易度が高ければ高いほど私の職人魂に火がつくのです。

「よっしゃ！　まかせとき！」

ところで、「花」という言葉からみなさんはなにを連想しますか？

満開に咲き誇る春の桜や、通学路に咲いていた自分の背よりも大きいひまわり。

もしくは、花屋さんで売っているバラやカーネーションの切り花、パンジーやシクラメンやダリアの鉢を思い浮かべるかもしれません。

しかし、私は、すべての植物を「花」と呼びます。桜の花はもちろん花ですが、松の枝も私にとっては花です。多肉植物もサボテンも花、観葉植物も花。この世界に生《は》えている植物、すべてを花と呼んでいます。

私はこれから、日本各地世界各国、いろんなところで出会った「花」の話を書きたいと思います。

花はときとして、奇跡を起こす。そしてその花に喜怒哀楽、さまざまな想《おも》いを持ってくれた人たちのことを書きたいと思います。

喜んでくれた人。怒りを感じたときの自分。涙を流した人。笑顔で楽しんでくれた人――。

信じない人は読んでも仕方のない話です。でも、この本を読んでくれれば「花が奇跡を起こす」ということを信じてもらえると思います。

第一章

人の意識を変えた花

世界最大の食虫植物

秘境での冒険にあこがれて

私が初めてプラントハンティングをしたのは、二一歳のときでした。

高校卒業後、「とにかく海外で遊んでこい」と父に言われた私は、オーストラリアのニューサウスウェールズ大学に付属する語学学校に留学。八カ月間通って英語のスキルを磨きつつ、父の言葉を忠実に守ってひたすらサーフィンに明け暮れる毎日を送っていました。卒業後は熱帯地方へ単身旅行。タヒチ、フィリピン、マレーシア、タイ、インドネシアと回り、最後に訪れたのがボルネオ島でした。

当時、私は植物にまったく興味がありませんでした。植物卸問屋「花宇《はなう》」の五代目として生まれ、ゆくゆくは会社を継ぐことになってはいましたが、中学校、高校と野

球漬けの日々。オーストラリア留学中はサーフィン三昧《ざんまい》で、熱帯地方旅行中も好奇心のおもむくまま行き当たりばったりに各地を転々。ここまでは植物と無縁の人生を送ってきました。

ボルネオに着いた私はまず有名なバコ国立公園でトレッキングを堪能《たんのう》したあと、コタキナバルへ向かいました。ここには東アジア最高峰、標高四〇九五メートルのキナバル山があります。とくに目的はありませんでしたが、ボルネオに来たからにはとりあえず行っとくか、くらいの軽い気持ちでした。

宿で荷物を下ろした私は、実家に電話を入れました。電話に出たのは父でした。

「いまボルネオにおるで」

「おおボルネオか」

「バコ国立自然公園に行ったんやけど、トレッキング最高やな」

「ボルネオやったら、キナバル山にでも行ってこい」

「いまちょうどコタキナバルにおるで」

「その山の奥の秘境にな、おもろい植物がたくさん生えてるから探してこい」

父は花宇の四代目。世界各国の植物に精通しており、キナバル山にボルネオ固有の

珍しい植物が生えていることも知っているようでした。しかし私の心を突き動かしたのは、「おもろい植物」よりも「秘境」という言葉でした。面白そうやないか。好奇心の塊《かたまり》だった私は、秘境での冒険を求めて、キナバル山に登ることにしました。

そこで運命の出会いが私を待っていたのです。

世界最大の食虫植物

キナバル山の登山は一人では許可されませんでした。ツアー会社に行って話を聞くと、現地のガイドがいないと山には登れず、そのうえガイドを頼むには四人以上のグループを組むことが必要とのこと。その会社のリストに名前を書いておき、同行者が集まるのを待ちました。後日スイス人一人とマレーシア人二人の登山家が私と同じように登録して、やっと登山パーティーを組むことができました。

父が「探してこい」といったのは「ネペンセス・ラジャ」（和名・オオウツボカズラ）でした。「ネペンセス」とは食虫植物の代表的なグループのことで、「ラジャ」はその種類を指します。登る前に書店で買った植物図鑑で調べてみると、「ラジャ」は

王を意味する言葉らしい。つまり、食虫植物の王様。なぜ王様かというと、袋状の捕虫器（虫を捕らえて消化する器官）が世界最大だからです。大きいものになるとネズミやトカゲが餌食《えじき》になることもあるそうです。動物を食べる植物なんているんやな。なんか、秘境っぽくてええやん。いよいよ冒険への期待が高まってきました。

登山当日。図鑑を見せてこれを探しているとガイドに伝えると、「オーケー」という返事が返ってきました。どうやら有名な植物のようです。

登り始めると、想像以上に険しい山であることがわかりました。登山道はよく整備されていましたが、なんせ標高が高い。一般登山者はトレーニングを積んでから行くこともあるほど難しい山だったのです。一〇時間かけて山頂手前の小屋にたどり着いたころにはもうヘトヘトでした。

その日はあまりに疲れすぎてなかなか寝付けない。そのうえ空気が薄くて息苦しい。結局一睡もできないまま夜明けを迎えました。その間考えていたのは、ネペンセス・ラジャのこと。ガイドに聞くと、下山コースの途中に植生地域があるらしい。考えているだけでワクワクしてきました。眠れなかったのは、疲労のせいだけではなく、未知なる冒険への興奮もあったのかもしれません。

夜は明け、頂上に登り一息ついたのち、下山になりました。ほかの三人は普通の登山客なので、私のネペンセス捜索に付き合わせるわけにはいきません。みんなよりも早く歩いてあたりの林を探し回り、休憩中もひとり離れてジャングルのような植物群生地に分け入りました。

赤く妖《あや》しい輝き

単独捜索を繰り返すこと約四時間。標高二六〇〇メートル付近で、私はとうとう世界最大の食虫植物、ネペンセス・ラジャを発見しました。

そこはネペンセスがたくさん植生している場所で、似たような形のものがあちこちに生えていました。しかし、植物の知識が皆無の私でもわかるほど、ラジャはほかのものとは一線を画す輝きを放っていたのです。

捕虫器のふちはグロテスクな赤色で、鈍く光っています。まず目に飛び込んできたのは、この妖しい赤い色でした。

「あっ！」

急いでその輝きのもとに向かいました。大きさは、約三〇センチ。袋の中はバナナのような鮮やかな黄色をしていて、液体がたっぷりと溜《た》まっています。手に持ってみるとずっしりとした重量感がありました。

「ラジャや……」

見つけた瞬間のことは今でも鮮明に覚えています。それまでの苦労が報われたうれしさや、ほかの植物とは違う圧倒的な存在感に心奪われたのは間違いありません。しかしそれよりももっと単純な、「感動」としか名付けようのない純粋な感情が、私のなかでドカンと弾《はじ》けたのです。

生まれて初めて、

「植物って俺が考えてるよりも、もっとすごいもんとちゃうか?」

という気持ちになりました。

これが私の、植物探求の旅の始まりになりました。日本をはじめ世界各国を飛び回り、年間一五万キロにも及ぶ移動を繰り返しながら植物を探し求めるプラントハンター人生が幕を開けたのです。

下山後、私は父にこのネペンセス・ラジャの小さな苗を郵便で送りました。

今の私なら、植物を簡単に国外に送ってはいけないことに知っています。しかしそのときは、「このおもろい植物をすぐに父に見せたい」という気持ちばかりが先立っていたのです。よくよく考えてみたら、「そのまま送ったら枯れるかも」ということくらいはわかりそうなものですが、そのときの私は興奮のあまりそんなことにも考えが及ばず、ごく普通の郵便で日本に送りました。

その後、父に「帰ってこい」と言われ、オーストラリアからボルネオに至る放浪生活は終わりを告げました。遊びまくり、親のスネをかじりまくった一年九カ月でしたが、最後の最後で人生を変える出会いが待っていたのでした。

帰国して、株式会社花宇に入社しました。

ネペンセス・ラジャで植物の魅力の一端を知った私は、そこから植物まみれの生活に足を踏み入れることになるのです。

ネペンセス・ラジャ。和名・オオウツボカズラ。葉が袋状になり捕虫器を形成する。中の液体は消化液。虫を誘い込み消化して袋の内側から養分を吸収する。

欲望の行きつく先は植物

フィリピンの大富豪が最後に求めたもの

熱帯地方を放浪中、一度父の仕事を手伝ったことがあります。そのときに聞いたある富豪の言葉が、今でも印象に残っています。人の欲望の行きつく先はどこなのか。そんなことを教えてくれる言葉でした。

タヒチからフィリピンに入ったときのことです。ふと思い立って数カ月ぶりに実家に電話を入れました。

「今フィリピンにいてるで」

電話に出た父は、久しぶりの息子からの電話にもかかわらずそっけない。

「そしたらおまえ、俺ちょうどフィリピンで仕事があるから手伝え」

フィリピン旅行中の著者。

近況報告も世間話もいっさいなく、いきなり仕事の話。こちらもとくに話すことはなかったので、「わかった」とだけ返事をして電話を切りました。

それから一カ月後、フィリピンの空港で父と合流。日本を出てから約一年、久々の再会です。しかしお互い、

「よお」

と挨拶もひとこと交わすくらいで仕事に入りました。父が持ってきた植物をまとめて、向かった先はミスター・ポンチの事務所です。

フィリピンの大富豪でミスター・コー・アン・コーという人がいます。莫大《ばくだい》な富を武器に政治の中枢に影響力を持ち、大統領一歩手前にまでなりかけた人物です。その人の直属の部下がミスター・ポンチ。彼は、コー・アン・コーが手がけるさまざまな事業のなかで、農園や庭園などの植物関連業務を管理している人物でした。

父は数年前から、ミスター・ポンチと植物のやりとりをしていたようです。珍しい植物を日本から持っていっては、コー・アン・コーの持っている植物と物々交換していました。今回もそのために訪れたのでした。

そのころ私は植物にまったく興味がなかったので、その場でどのような植物がやり

とりされたのかはまったく覚えていません。ただ、二人が楽しげに会話をしている様子を見ていて、「そんなにこの植物すごいんかな」と退屈しのぎにぼんやり考えていたことは覚えています。二人の話から、コー・アン・コー氏は大金をはたいて世界中から植物を集めているということがわかってきました。そんなに金があるならもっとほかのもん買えばいいのに。疑問に思った私は、そのことをミスター・ポンチに聞いてみました。そのときの返答がとても印象的だったのです。

プラントハンターの使命

「コー・アン・コー氏は、もうすでにあらゆるものを手に入れてるんだよ。豪邸もあるし、自家用機も、何十台というスーパーカーも、ハーレーダビッドソンも、自分専用のガソリンスタンドも持っている。ほしいものを全部手に入れたとき、最後にほしくなったのが植物だったんだ」

自分が美しいと思える植物、誰も持っていない植物に囲まれて暮らしたい。これがコー・アン・コー氏の最後の欲望だというのです。私にとってその言葉は衝撃的でし

た。物質的にどれだけ満たされて豊かな生活を送っていても、どうしても埋められないものがある。それを埋めるものが、植物だった。

そもそもプラントハンターとは、一七世紀から二〇世紀初頭にかけて、ヨーロッパで活躍した人たちのこと。王族や貴族のために世界中の珍しい植物を求めて冒険をし、花の苗や種を持ち帰っていました。初めは食料や香料などの有用植物でしたが、次第に観賞用植物へとハンティングの対象が変化してきたようです。その行動範囲はアジア、アフリカ、中南米、カリブ海にわたり、ペリーが黒船で来日したときにも二名のプラントハンターが同船して、日本で植物採集をして帰ったとも言われています。

ヨーロッパの高貴な人たちも、コー・アン・コー氏と同じく、最後に手に入れたくなったのが植物だったのかもしれません。

ミスター・ポンチから話を聞いたときは、ただ「植物ってすごい」としか思いませんでした。しかしその後プラントハンターという職業につき、たくさんの人たちに植物を納めているうちに、植物には人の心を豊かにする力があるということに気づくようになりました。

多くの人たちが、私がハンティングした植物を見て驚いてくれます。笑ってくれた

人もいたし、泣いてくれた人もいました。植物は食べて美味《おい》しいわけではないし、着て美しくなれるものではないし、生活になくてはならない必需品でもありません。しかし、人の心に小さな幸せを芽吹かせる力があります。そうした小さな幸せの芽を求めて、ヨーロッパの貴族たちはお抱えのプラントハンターに命じて世界中から植物を集めさせたのだと思います。

プラントハンターの使命とは、植物の力を借りて人の心を豊かにすることである。ときどきミスター・ポンチの言葉を思い出しては、肝に銘じています。

樹齢一〇〇〇年の大木

圧倒的なカリスマ性

いま私は、さまざまな植物のプロから「絶対不可能」と言われた植物を輸入しようとしています。それは、樹齢一〇〇〇年のオリーブです。このプロジェクトは、二〇〇六年、衝撃的な一本の木との出会いから始まり、五年後の二〇一一年三月に結実することになります。

その木と出会ったのは、二〇〇六年八月のことでした。

ヨーロッパにプラントハンティングに行ったついでに、スペイン人の植物バイヤー、ミゲルの自宅に遊びに行くと、

樹齢1000年のオリーブ。オリーブは旧約聖書『創世記』
におけるノアのエピソードにちなみヨーロッパでは平和
の象徴とされている。

「清順、近くにすごい木があるんだけど見に行かないか？」

と誘ってくれたことがきっかけでした。こんなことを言われて心躍らないプラントハンターなどいません。喜び勇んで行ったミゲルの知人宅の庭で、私はひとめぼれをするのです。

「なんじゃこりゃ……」

これまで私が知っているオリーブの木とはまったく別物の、とてつもない巨木がそこにはありました。太さは、大人が両腕を伸ばして三人がかりでやっと囲めるくらい。成長に成長を重ね、うねるように波うつ木肌は、ある部分は激しくねじれ、ある部分は大きくえぐれています。

思わずその木に手が伸びました。表面は化石のように硬くなっていて、白く見える部分はすでに死んでしまっているようです。しかし、この木は生きている。そのことはみずみずしく生い茂った銀色の葉が証明していました。ここに至るまでの果てしない歳月を感じさせながら、あくまで葉は若々しくきらきらと輝いている。においたつような生命力が充満していました。

「この木みたいに、高さ一・三メートルの地点が三メートル以上の太さがあるものを、

〝ミレニアムオリーブツリー〟と呼ぶんだ。樹齢が一〇〇〇年くらいってことなんだよ」

日本では古来より大木には神が宿ると考えられています。この木もまさに神が宿っているかのような、神々《こうごう》しさすら感じさせるたたずまいを持っていました。どうしても日本人に見てほしい。そして感動してほしい。これこそ私が求める「人の心を豊かにする木」だ。

私はいつか絶対、日本に樹齢一〇〇〇年のオリーブを輸入することを胸に誓って帰国しました。

なぜ輸入が困難なのか

「清順、そりゃ不可能や」

帰国後、さまざまな植木屋や付き合いのある業者から言われた言葉です。彼らが不可能と言うのも無理もないことでした。

ヨーロッパから輸入するとなると、船便で最低でも一カ月はかかります。よほど強

い木でないと一カ月の海上輸送に耐えられないというのに、巨木を輸入しようというのです。大きければ大きいほど長期輸送に弱くなるのは植木職人の常識でした。

もちろん私も、オリーブの巨木の輸入が非常に困難であることは知っていました。それでも難しければ難しいほど職人魂に火がつくのが私の性分。これだけ「不可能や」と言われたら「絶対にやってやる」とかえって闘志がわいてきました。

俺がやらないで誰がやる。

こうして私の挑戦が始まりました。

私を導いた運命の出会い　その一

おりをみて地中海諸国に何度も渡り、現地の専門家にオリーブの輸出について意見を求めました。しかしその対応は、ことごとく冷たいものでした。

「日本?……またの機会にしよう」

植物を輸出入するには非常に煩雑《はんざつ》な手続きが必要です。膨大な量の書類を集めたうえ、検疫（輸出入される植物が病原体などに汚染されていないか確認する作業）に引

っからないよう処置を施さなければなりません。日本はとくに検疫が厳しい国です。そんなところに商品を卸すよりは、検疫が厳しくなく、より需要のあるヨーロッパ諸国と取引するほうが少ないリスクで確実に商売ができるに決まっています。

私の計画に親身になってくれる業者などほとんどいませんでした。たまにのってくる業者がいたとしても、こちらの足下をみて法外な値段をふっかけてきました。

道のりは厳しい。しかし二人の人物との偶然の出会いがきっかけで、この作戦は一気に動き出すことになるのです。

ひとりめは、スペイン人植物バイヤーのハビエルです。

彼と出会ったのは、二〇〇七年の十二月のことでした。プラントハンティングのため中南米のコスタリカへ行ったとき、現地の業者に紹介されたのです。

コスタリカは世界最大の観葉植物の産地。日本にまだ入ってきていない植物がわんさかあります。父のつてで何人かの業者に会い、実際に農場を見せてもらいながら日本で人気の出そうな植物を探していました。私同様、植物を探しにコスタリカに来ていたハビエルは、自ら生産地を回っては売れそうなものの写真を撮り、顧客にメール

で流して注文を取るという生活をかれこれ一年も続けているとのことでした。一年もいるんやったら、なんかおもろい植物知ってるかもな。そう思い、私は彼に会いに行くことにしました。

自宅を訪ね自己紹介もそこそこに、さっそく情報交換を始めました。英語が流暢《りゅうちょう》で年齢も近いということもあり、会話が弾みます。コスタリカでどんな植物を探しているのか。どこにどんな植物があるのか。どの農場に行けばどんな植物が手に入るのか。話を進めていくうちにハビエルが相談を持ちかけてきました。

「清順、おまえソテツは持ってないか？」

「ソテツ？　今うちにはないけど、すごいのが生えてる場所は知ってるよ」

ハビエルの話によると、ヨーロッパではソテツが非常に人気が高いらしい。エキゾチックな見た目がランドスケープ（街の景観）作りの素材として最適なことに加え、寒さに強くて丈夫なところが人気に拍車をかけているのだそうです。

「もしいいソテツを仕入れられるなら絶対に人気が出ると思うぞ」

「ちょっと写真見てみる？」

私はデジカメで撮ったソテツの写真をハビエルに見せました。樹齢一五〇年。高さ

五メートル、幹の太さは電柱くらい。ソテツとしては破格の大きさです。ハビエルの顔つきがみるみる変わっていきました。

「清順、これはヨーロッパ中の植木屋が驚くぞ」

「ほんま？」

「来年バレンシアで開催されるガーデンショーに出品したらどうだろう。こんな凄《すご》いソテツを出品したら、ヨーロッパ中の業者におまえのことが知れ渡ると思うよ」

世界最大の植物市場があるヨーロッパでは、各地でプロのバイヤー向け植物展示会が開かれています。日本でも幕張メッセなどの会場で本やインテリアなどの展示会が行われていますが、その植物版です。プロの植木屋が出品した自慢の植物をバイヤーが品評し売買する。植木屋は自分の出した植物を市場に流通させたいし、バイヤーは未来の流行を先取りする植物はないかと目を光らせる。いわば、プロとプロの真剣勝負の場なのです。

そんなショーのなかでもバレンシアのガーデンショーは、面白い植物が集まる展示会として近年ヨーロッパでも注目を集めています。年に一回開催され、世界中から植物のプロが集まります。ここで注目を浴びた植物が、ヨーロッパ中に発信されるので

す。

「今まで日本人で出品した人はいないし、そういう面でも話題になると思うよ」

「すごいやん！　絶対やろうや！」

「おお、二人で世界をびっくりさせてやろう！」

そのガーデンショーでさらなる出会いが私を待っていたのです。

私を導いた運命の出会い　その二

ハビエルと出会ってからおよそ一年後の二〇〇八年十月、私は樹齢一五〇年のソテツを出品しました。ハビエルの読みは的中し、私の出したソテツは大きな話題を呼びました。出品ブースの前には人だかりができ、開催期間の三日間、人が絶えることはありませんでした。目を輝かせてじっと見入っている人。仲間同士で品評している人。「どこでとれたのか」「値段はいくらか」など細かく質問してくる人。さまざまな人が訪れるなかで、ひとり風変わりな人がいました。

その人物と出会ったのは二日目の夕方のこと。終了時間が近づいてきたので片付け

をしていると、黒いスーツをビシッと着こんだ長身の男がやってきました。ラフな格好の人が多いなかで、英国紳士然としたその人物の外見はひときわ異彩を放っていました。

「こりゃすごいな」

とつぶやいてソテツに見入っています。この人もバイヤーなんかな。それにしても毛深いな。手の甲までびっしりやん。腕時計に毛が絡まったりせえへんのかな。スーツ姿とのギャップが激しいな。ぼーっと観察していると紳士は意外な一言を発しました。

「俺のブースに来ないか?」

こんな毛むくじゃらの紳士に突然誘われて、なんか不気味やなあ。一瞬躊躇《ちゅうちょ》しましたが、並々ならぬ迫力に押され彼のブースに行ってみると、そこには鉢に収まった大きなオリーブの木が何本も陳列されていたのです。

「なんやこれ?」

私がバレンシアで見たミレニアムオリーブには及ばないものの、樹齢一〇〇年は超えていそうな立派な木ばかり。まさに私が求めているオリーブがそこにあったのです。

そして疑問が浮かんでくる。なんで、俺がオリーブの木をほしがっていることを知っているのか？

「あちこちの業者にオリーブのことを聞きまわっていただろ？　ソテツの日本人がオリーブをほしがっているらしい、って噂《うわさ》になっていたんだ」

そういえばそうやった。植物のプロが集まるこのガーデンショーなら、オリーブの輸出について誰かにヒントをもらえるかもしれない。そう考えた私は、ブースにやってきた業者に「巨大なオリーブを日本に輸入したいんだけど」と相談していたのです。その話が業者から業者に伝わってこの紳士の耳に入ったのでした。

「さんざん断られたんだって？」

「そやねん。リスクが高すぎるって」

「今まで誰もやったことないからな」

「誰か付き合ってくれる人を探してるんやけど、なかなかいい人がいなくて」

紳士はアルベルトという名のスペイン人でした。地元スペインでも大手の植木屋の社長で、オリーブをはじめさまざまな植物を手広く扱っているようです。

「おもしろいな」

バレンシアのガーデンショーに出品された樹齢150年のソテツ。絶滅危惧種の国際取引を規制する条約、ワシントン条約で保護されており、輸出には「輸出許可書」と「CITES」（サイテス）などさまざまな書類が必要。

「え？　マジで？」

「俺もちょうど販路を広げたいと思っていたところなんだ。オリーブは日本で人気が出そうか？」

「絶対出る！」

私は即答しました。日本では私が輸入しようとしている太くて立派なオリーブはありませんでした。園芸店や花屋で売っている植木は、ひょろひょろで根付きの悪い貧弱なものばかりです。

「そうか。……一緒にやってみないか？　おまえとならうまくいきそうな気がするんだ」

アルベルトにとって私が持ってきたソテツは大変な衝撃だったようです。樹齢一五〇年という大木はこれまでヨーロッパに上陸したことがありませんでした。木は大きければ大きいほど輸送リスクが大きくなるというのに、五メートルもの大木を持ってくるなんてなんという無茶なことをしでかしたんだ。そんなやつに付き合ってみるのも面白そうだ。アルベルトはそう思ったそうです。紳士然としていながら、中身は意外や意外、冒険好きのラテン系だったのです。もちろんこのプロジェクトがうまくい

けば、日本と継続的に取引できるかもしれない、という計算も働いていたことでしょう。

「よっしゃ！　頼むで、アルベルト！」

中南米で偶然出会ったハビエルとの縁でヨーロッパのガーデンショーに来たら、ずっと探していたオリーブ輸入のパートナーが見つかるなんて。

神様が自分にオリーブを扱えと言っているとしか思えませんでした。

ちなみに出品したソテツは完売。

ハビエルと抱き合って喜んだことは言うまでもありません。

決断をくだす

帰国後もアルベルトと打ち合わせを重ね「これはいける」と確信を深めたものの、あらためて冷静に考えてみると、すぐに決断をくだすことはできませんでした。

通常なら、お客さんの依頼があってから植物を探すのがプラントハンターの仕事。しかし今回は買い手が決まっていません。当然会社にも反対されました。植物の仕入

れ代、輸送費、通関業者（輸入のための書類仕事を代行してくれる業者）への手数料などを含め、私がそれまで経験したなかでも最大級の仕入れプロジェクトです。

しかも日本ではみんなに不可能と言われているオリーブを仕入れようというのですから、尋常の沙汰《さた》とは思えないことでしょう。

悩みながらもプロジェクトは着々と進めていきました。

アルベルトの農場を訪れて、植わっている数十本のオリーブのなかから、木肌にうねりのある面白い形のものなど、樹齢二〇〇～七〇〇年の木を二〇本セレクトしました。みんな驚くやろなあ。子供がオリーブに登って遊べたりしたらええなあ。木を選びながら、まだ輸入できてもいないのに想像がふくらみました。

ヨーロッパに渡りさまざまな業者の人たちと話もしました。その結果わかったのは、彼らもまたオリーブを愛しているということ。日本人にとっての桜と同じように、彼らにとってのシンボルツリーなのです。生活に根ざした有用植物であると同時に、文化的背景を持った平和の象徴でもある。そういう話を聞いていると、いよいよ日本人にこのオリーブを見せたいという気持ちが抑えきれなくなってきました。

社長である父に相談すると、意外なことに「やってみろ」との答え。リスクを承知

のうえで、それでもやる意義のある仕事だと認めてくれたのかもしれません。

私は決断しました。アルベルトに出会ってから、一年の月日がたっていました。

「選んだオリーブ二〇本、仕入れることに決めたよ」

電話の向こうでアルベルトは驚いていました。まだ買い手が付いていないことを知っていたからです。

「めどはたったのかい？」

「いや。でも自信はあるで。わかる人には絶対わかる。日本にはあんなスケールの大きいオリーブなんてないし、絶対成功させる！」

いかにして輸入するか

一カ月の海上輸送をいかにして耐えさせるか。

私はこれまで培ってきた知識と経験を使って、オリーブに手術を施しました。まず日本の厳しい検疫をパスできるように、土をすべて払ってから根を切り落としました。土の中にはさまざまな風土病や病原菌、植物の種子などが含まれているので、一粒た

オリーブの巨木をクレーンで吊り上げ、根をチェーンソウで切る。切り口がきれいなほど根の再生が早いので、迷いなく切ることが重要。

オリーブを「養生」する。切った根の周辺を人工用土で包み麻布で巻いてその上をビニールで保護する。葉と枝を落とした状態で養生し、3カ月後にはこのように葉が生い茂った。

りとも持ち込むことができないのです。

続いて葉を枝ごと切り落とします。葉は光合成や蒸散などの運動を常にしています。このときのエネルギー源となるのが根から供給される水分と養分です。しかし根を切り落とした状態で運動を続けてしまうと、ご飯を食べずに運動してしまうようなもので、どんどん木が弱ってしまいます。そこで葉を落として運動量を調整することにより、木の負担を減らしてあげるのです。

さらに輸送時に使う、検疫をパスした人工用土に植え替えます。この作業を私は「養生《ようじょう》」と呼んでいます。根も葉も落とした状態で、人工用土に植え替えてオリーブは耐えられるのか。日本に輸送する際のシミュレーションをしてみました。

輸送時の温度も考えなければなりません。植物は温度が高くなると運動を始め、低くなると運動をとめます。せっかく運動を調整したオリーブがコンテナの中で運動してしまわないように、温度は低めに保っておかなければなりません。しかし、低すぎると完全に運動をやめてしまい死んでしまう。このバランスが難しい。結局、最後は自分の勘を信じて一三度に設定することにしました。

養生したオリーブは、その二週間後には小さな芽を、三カ月後には豊かに葉を茂ら

せました。これで、人工用土に植え替えても耐えられることが証明されたのです。

二〇〇九年七月、ついに出航のときがきました。

二〇本のオリーブはバレンシア港を出発しました。シンガポール経由で、到着予定日は八月十日。その一カ月の間、かたときもオリーブのことが頭から離れませんでした。

不可能が可能になる

「美しい」

花宇の畑に並べられた二〇本のオリーブの巨木を見て、私はあらためてそう思いました。スペインで見たときももちろん美しかったのですが、日本で、そして花宇の畑で見るオリーブは別格。職人たちもあまりの美しさに言葉を失っているようです。

「どや。すごいやろ」

書類の不備で通関手続きに時間がかかり、結局花宇にオリーブが届いたのは八月二

十ヨのことでした。予定より一〇日間も多くかかってしまったのでオリーブの健康状態が心配でした。あとは最後の仕上げ作業。丁寧に畑に植え替え、再びスペインで見たときのように燃えるような葉をつけたとき、オリーブ輸入プロジェクトは初めて成功したといえるのです。

すべての植え替え作業を終えた私は、畑に座り込んでしばし感慨にふけっていました。

絶対不可能と言われたオリーブの巨木の輸入も、ミゲル、ハビエル、アルベルトという三人のスペイン人との縁のおかげで、ようやくここまでたどり着きました。

美しい木は、必ず素晴らしい縁を運んでくれる。

二週間後、いちばん小さなオリーブの枝から芽が出ているのを発見しました。夕方ごろだったからか、その小さな愛らしい芽は金色に輝いていました。

ついにやったんやな。

不可能が可能になった瞬間。私は言葉もなく、ただただその小さな芽を見続けました。

その後オリーブは次々に芽をつけ、数カ月後には元気いっぱいに葉を茂らせました。この挑戦は、植木業界の常識を覆す仕事として大反響になりました。業界のみならず、想像していた以上に一般の人にも驚いてもらえました。

日本人は、自然豊かな恵まれた環境の中にいるので、周りに木があるのが当たり前になってしまい、普段からその魅力をあまり意識せずに暮らしています。しかし、〝巨木〟ということとそれが〝海外からきた〟ということがインパクトになり、植物に興味のない人たちにもこのオリーブの魅力が伝わりやすかったのかもしれません。

そして、ついに樹齢一〇〇〇年のオリーブが日本に到着しました。

二〇〇六年に心を奪われてから五年。夢中になって追いかけてきたオリーブのプロジェクトに興味を持ち、「ぜひ樹齢一〇〇〇年のオリーブを買いたい」と名乗りを上げてくれる人が現れたのです。日本有数のオリーブの産地、小豆島で六万坪のオリーブの森を作っている柳生好彦さんです。植樹の日は、三月十五日に決まりました。この日は小豆島では、「オリーブの日」に定められており、毎年さまざまなイベントが行われています。そのなかで、植樹祭を開催することになったのです。

しかも二〇一一年は、日本で初めてオリーブが実をつけてからちょうど一〇〇年目の記念の年。イベントは、私たちの取り組みに賛同してくれたスペイン特命大使が出席してくれることになるなど、思いもよらぬ盛大なものになりました。今後オリーブを輸入する際には、輸送費の半額をスペイン政府が負担するという話まで進んでいます。

ひとりでも多くの人に、生命力あふれるオリーブを見て、触ってほしい。そうした機会をつくることで植物の美しさや力強さに気づき、自然に対する意識を変えるきっかけになれば本望だと思っています。

第二章

記録と記憶に残る花

海を渡った世界最大の木

あらゆる依頼に応える

植物卸売問屋「花宇」の最大の特徴は、ほかの会社では取り扱えない植物を扱っているという点です。日本初上陸の植物や入ってきてはいるけど数は少ないものなどを多数扱っており、なかには、学名登録をした新種の植物（「オサメユキ」・七四ページ参照）もあります。現在常時取り扱い植物の種類は、ざっと数えて三〇〇〇種以上。過去に扱ったものを含めると、一万種以上の植物を世に送り出しています。

こういう特殊な会社ですので、規格化された商品を扱うことはほとんどありません。サボテンならサボテン、観葉植物なら観葉植物、切り花なら切り花と専門分野に特化した会社はたくさんありますが、あらゆるジャンルの植物を一手に扱っているのが

花宇という会社なのです。

ほかの業者さんでは難しくても、花宇ならなんとかしてくれる。そんな依頼が飛び込んでくるところが花宇の花宇らしさですし、それに応《こた》えることがやりがい、そして誇りにしている部分でもあります。

ここでは、そういう特殊な仕事のなかでも、記録と記憶に残った植物について書きたいと思います。

規格外の異常な幹

ボトルツリーという植物をご存知でしょうか。学名を〝ブラキキトン・ルペストリス〟といいます。オーストラリア、クイーンズランド州原産のアオギリ科ブラキキトン属の一種です。ブラキキトンはオーストラリア固有の属で、そのなかでもルペストリス種は成長すると高さ一〇メートル以上にもなる巨木です。

和名が「ツボノキ」ということからもわかるように、なんといっても特徴的なのはその形。幹が徳利のように大きく膨らむのです。

この木がどれくらい特殊なのか、ちょっと皆さんにイメージしていただきましょう。頭の中に、高さ一〇メートルの普通の木を思い浮かべてください。太さは大体どれくらいでしょうか。たとえば桜の木だったら、高さが一〇メートルの場合太さは四〇センチくらいが標準サイズです。これが普通の木の標準的なサイズであり、私たちが木と聞いてイメージするのも、大体これくらいのバランスだと思います。

ところがボトルツリーは、たとえば高さが八メートルに対していちばん太いところが二メートルにもなる。さきほどの標準的な木と比較すると、この木の異常さがよくわかります。こんなバランスの木は、日本ではお目にかかれません。

この木に初めて出会ったのはオーストラリア留学時代の、一九歳のころでした。シドニー王立植物園に植えられているものを見たのですが、「こんな変な植物もあるんやな」くらいの感想しか持ちませんでした。

しかしその後、修業時代にプラントハンティングで訪れたオーストラリアであらためてボトルツリーを見たとき、私の意識は一変しました。仕事を始めて以来ずっとあこがれていた木、バオバブにそっくりなのです。その徳利形の樹形にほれ込んだ私は、いつかこの木を日本に持ってきたい、という思いを胸に、写真を数枚撮って帰国しま

した。

やらなきゃ男がすたる

ある日のこと、とある植物学者の先生から電話がかかってきました。

「花宇さん、ボトルツリーのこと知っていますか」

この先生は、日本人なら誰もが知っているAさんの庭のお世話をしている方で、知り合いの業者から紹介してもらい懇意にさせていただいていました。

話を聞いてみると、Aさんの庭に植わっているボトルツリーが弱っているので、誰か治療できる人間を探しているとのこと。先生には何度かオーストラリアで出会ったボトルツリーのことを話していたので、清順ならわかるかも、ということでお声がかかったようでした。

数日後、私はAさんの庭を訪れました。

おつきの庭師に案内され対面したボトルツリーは、太さ一メートルの堂々たる巨木。日本でこんなに立派なボトルツリーに出会えるとは思いませんでした。しかし残念な

ことに、木に勢いがない。

「たぶん根っこが腐ってますね」

一目で見抜いた私は、庭師に適切な処置法を伝えました。

ボトルツリーに関する英文の資料をAさんに渡しその日は帰ったのですが、後日先生からふたたび電話がかかってきたのです。

「新しいボトルツリーを調達してもらえないか」

資料に載っていた写真を見たAさんから、その木がほしい、と先生に連絡があったそうなのです。その写真は私がオーストラリアで撮った、あのボトルツリーの写真でした。

「こんなでかいのを？」

「そう。できるだけ大きな木がほしいらしい」

そのとき私は二五歳。まだまだかけだしのころです。もちろんあんなにでかい木を輸入した経験などありません。しかしこんな面白い仕事、一生に一度できるかどうかかもしれない。やらなきゃ男がすたる。

私は二つ返事でその仕事を引き受けました。

プラントハンターの縁

私は今まで世界二七カ国を訪れてきました。そのなかで現在一三カ国、二〇社以上の業者を選び取引をしています。各国特有の植物を集めるには、海外の業者との協力体制が必要不可欠だからです。

現地に調査に行って珍しい植物を発見し、持ち帰るのがプラントハンターの仕事のひとつですが、当然ながら、勝手に掘り起こして持ち帰ることはできません。なぜなら、その植物が生える土地には必ず所有者がいるからです。国内ならいざ知らず、海外で土地の所有者を見つけ出し交渉をするのは至難のわざ。ときには国が所有する植物である場合もあります。すべての植物についてひとりでその作業をやっていたらいつまでたっても国内に持ち帰ることはできません。そこで海外の業者と協力しながら、ハンティングを進めていくのです。

このとき私は、オーストラリアのとある植物卸会社に連絡し、最大級のボトルツリーの調査依頼を出しました。

総重量一四トンのボトルツリー

目をつけた木は、今に至る私のプラントハンター人生のなかでも文句なしで最大サイズでした。クイーンズランド州の平原に自生していたそのボトルツリーは、総重量一四トン。私にとって最大級の木というだけでなく、この木は今まで世界で輸出入された植物のなかでも、もっとも大きいものになるのです。

なぜ世界一だと断言できるかというと、植物を輸送するコンテナにこれ以上大きな木を入れることができないからです。

輸送用コンテナの最大のものは「四〇フィート」と呼ばれるもので、高さ二・七メートル、幅二・七メートル、奥行き一二メートルです。なぜこのサイズが最大なのかというと、車で運ぶときにこれ以上の大きさだと道幅を越えてしまうからです。船で運べたとしても車で陸送できなければ目的地まで運べないので、この四〇フィートが最大サイズなのです。

このときに輸入したボトルツリーは、幹の太さが直径二・二メートル、高さは一一

14トンのボトルツリーをクレーンで吊り上げる。牽引用のベルトは最大規格のものを使用した。

メートル以上ありました。ということは、コンテナの真ん中にすぽんと入れたとしても、前後左右にほとんど空間がないことになります。

最大級のコンテナにこれ以上ないくらいみっちり一本の木が詰まっている状態。こんな経験は初めてでした。少なくとも海を渡った木としては、間違いなく世界一です。これ以上のサイズの輸送ができないわけですから。


現地の職人に指示を出しながらボトルツリーを掘り出しました。吊《つ》り上げるのもひと苦労です。一四トンの重さに耐えられるよう、巨大な建設資材を吊り上げるときに使う最大級のクレーン車を使いました。

木を傷つけないように幹に厚手の麻布を巻き、そこにクレーン牽引用《けんいんよう》のベルトを装着。ワイヤーから伸びたフックを引っかけます。この牽引用ベルトを徳利状に膨らんだ幹が枝に向けてすぼんでいく、ちょうどそのあたりに巻きました。

牽引の準備を終え、いよいよボトルツリーが宙を舞いました。

今まで数々の大きな植物をクレーンで吊り上げてきた私ですが、このとき以上に圧巻の光景は見たことがありません。

まるで鯨《くじら》が空を泳いでいるかのようでした。

通常、コンテナの扉を開けてそこから植物を搬入しますが、ボトルツリーの場合、横倒しにして扉から入れることができません。そこで、屋根と側面が開くタイプのコンテナで上から入れる必要がありました。

本来ならば、赤道を越えて南半球から北半球へ輸送するので温度調整機能のついたリーファーコンテナを使いたかったのですが、このコンテナは上が開きません。そこで温度調整機能はないけど上部が開く、オープントップコンテナを使いました。

特殊な植物が引き寄せる縁

こうして海を渡ったなかで世界一大きな木は日本にやってきました。オーストラリアを出港してから約一カ月後、横浜港にボトルツリーを積んだ貨物船が到着しました。書類チェックや検疫を終え、トレーラーでAさんの庭へ。

Aさんが見つめるなか、トレーラーからボトルツリーをクレーンで吊り上げて地面

に下ろします。そのときのAさんの少年のような輝かしい笑顔が今でも忘れられません。気に入ってくれたようで、私もほっとしました。

「いい木ですね」

植え替えを終えたボトルツリーを見ながら、満足げな表情でAさんが話しかけてきてくれました。

「写真を一緒に撮らせていただけませんか？」

特殊な植物を扱っていると、ときとして普段は会えないような特別な人から依頼を受けることがあります。

その写真とこの仕事の記憶は私にとって最高の宝物になりました。

咲き続けるエキウム

オーストラリアですべてを失った

オーストラリア留学時代、ただひたすら遊び回る日々を送っていました。八カ月で語学学校を卒業したあとも、半年近く、キャンピングカー生活をつづけながらシドニーから東海岸をどんどん南下してサーフィン三昧《ざんまい》。「遊んでこい」と父に言われたからそのとおりにしただけですが、それにしてもよくぞそんな私を文句も言わずに許してくれたものです。

人生でもっとも好き放題遊んだオーストラリアでの生活で思い出深いのが「半裸で二人事件」です。

シドニーからの旅には、サーフィン仲間の日本人、創太という年下の友達が合流することになりました。

創太は、東京で会社を経営する父を持つ言ってみれば育ちのよい青年。いっぽう私は田舎で野球ばかりやっていた野生児。まったく共通項のない二人でしたが、なぜか創太は私のことを慕ってくれて、兄弟みたいな存在でした。

そんな創太と私、お気楽日本人二人で、車に乗って旅をしていました。やることといったら波がよさそうなビーチを見つけては車を止めてサーフィンすることくらい。

そんなある日、名前も知らない街に到着した我々は、飽きもせずサーフィンをしに海に入りました。ひとしきり波と戯《たわむ》れて、満足して車に戻ってみるとなんと、私のキャンピングカーがありません。

異国の地で車を盗まれてしまったのです。

サーフィンをするときの格好を思い浮かべてみましょう。海水パンツ。サーフボード。以上。それ以外の持ち物はすべて車の中です。お金もパスポートも服も全部なくなった。文字どおり裸一貫で、広大なるオーストラリア大陸に置き去りにされてしまったのです。

「これはマジでヤバい！」

周りには誰一人として知人はいない。

異国の地で半裸。家を持たずキャンピングカー生活をしていたため、持ち物はサーフボードのみ。

この頼りなさは、経験した人にしかわからないでしょう。

思わず私は叫びました。

「創太、俺ら一文無しや！」

すると創太も叫びました。

「そんなのわかってるよ！」

その目には涙が浮かんでいました。これはいかん、俺がしっかりしなければ。我に返った私は、創太を鼓舞しました。

「まだこのへんに車があるかもしれん。とにかく探すんや！」

二人で大捜査を決行しました。このとき二人はそろって坊主頭。そのうえ半裸で裸足《はだし》。付近にいたオーストラリアのかたがたにはさぞかし奇妙な光景に見えたことでしょう。我々は必死で車を探しました。しかしあるはずがありません。

焦った私は、近くの電話ボックスに走りました。電話の相手は父。もちろんお金がないのでコレクトコールです。

「親父《おやじ》、すまん、やってもうたわ」

「なんや」

仕事中だったらしく、心ここにあらずといったそっけない返答です。

「サーフィンしてたらな、車盗まれてもうて、中にパスポートも金もなにも全部――」

「わかった。わかったから、とにかく頑張れ」

ガチャ。

必死に窮状を伝えようとする私の言葉を途中でさえぎり、父は電話を切りました。頼みの綱の父に見放され、お気楽な私もさすがにことの深刻さに気づきました。ビーチに戻って途方に暮れる二人。

すると近くのサーフショップのお兄さんが私たちの話を聞きつけたらしく、「とりあえず、ボードを売るか？」と聞いてくれました。ボードを売ったら、少なくとも一〇〇オーストラリアドルくらいにはなるとのこと。わらにもすがる思いの私たちは、

思い出の詰まったボードを売りました。

あまりに私たちが不憫《ふびん》に見えたのでしょう。そのお兄さんは、Tシャツを恵んでくれました。胸に書かれた「ゴールドコースト」という文字が、思いのほか心に染みました。なんで俺はこんな目にあってるんだろう。

それからそのお兄さんが、警察とサルベーションアーミーというところに電話をしてくれました。サルベーションアーミーは、刑務所から出てきたばかりでお金のない人や、薬物依存症やアルコール依存症の人など、事情があって社会復帰できなくなった人が一時的に生活するための施設などを提供している団体です。寝床も何もない私たちは、そのサルベーションアーミーの施設に預けられることになりました。

このときすでに、夜の八時。

二畳くらいの狭くて暗い部屋に入れられた私たちは、二段ベッドに横になりながら不安に押しつぶされていました。

「この先どうなるんやろう」

私はなかなか眠れませんでした。下の段に眠る創太も同様だったようです。

「清順、俺らどうなるんだろう」

「ま、なんとかなるやろ。明日に備えて寝とき」

精いっぱいの強がりで創太を慰め、私たちは無理やり目を閉じました。


ところがその翌日、奇跡的に車が見つかったのです。町の郊外に乗り捨てられていたらしい。警察から連絡があって、急いで引き取りに行きました。

当然ながら、現金やカードをはじめ金目のものは持ち去られたあとでした。ただ、キャンピングカーの構造上隠すところがいっぱいあったのが幸いしたのか、ポンプの下に置いてあった帰りの飛行機のチケットとパスポートだけが盗難を免れていたのです。

「助かった〜!!」

パスポートさえあれば、銀行へ行っても身分証明ができるし、のたれ死ぬことはない。私は社会復帰へのめどが一日でたったことに心の底からほっとしました。

好き放題の留学生活を送っていた私でしたが、父にはこれまで一度として怒られたことはありませんでした。確かに父の「遊んでこい」という言いつけをしっかり守っていたのは確かですが、なんぼなんでも遊びすぎです。そのうえ車まで盗まれ、この

ときばかりはあまりの情けなさにしょげかえりました。

道ばたで見つけた青い花

なにひとつ孝行をすることなく遊び倒した留学時代でしたが、ひとつだけ、花宇に貢献する仕事をしていたことを最近知りました。

以下、担当編集者から聞いた話です。

「留学時代、遊びまくりの息子さんをどう思っていましたか？」

と編集者が父に質問しました。

「もう清順のことなんか忘れるくらい仕事が忙しくてなあ。なんとも思ってなかったな」

「清順さんはまったく植物に興味がなかったみたいですね」

「そやねん。でもな、そういえばあいつオーストラリアから植物送ってきたことあってな。しかも郵便で普通に。無茶しよんで、ほんま」

花宇にはこれまで扱ってきた一万種の植物を記録したデータベースがあります。父

に編集者に、そのデータベースを見せたそうです。

「あった、これや。エキウムの新種やな。こんな色の見たことなくてな、おもろいなあと思って畑に植えたんや」

「今でもありますか?」

「あるよ。そいつから増やして今でも売ってる」

この話を聞いて思い出しました。

当時私は、格闘家のリック・ディディオに弟子入りしていました。メチャクチャ強いのに、とにかく優しい。シドニーでのホームステイ先の子供がリックの道場に通っていて、ついていったところその人柄に魅了された私は、志願して弟子入りしたのです。

ある日、リックの道場からの帰り道に見つけたのが名前も知らない青い花です。紡《ぼう》錘《すい》形の変わった形と鮮やかな青い花が印象的で、「親父喜ぶかも」と思い郵便で送ったのでした。

それが、いま花宇で売っているエキウムだったとは。

あれから一〇年。

私の知らないところで、エキウムは咲き続けていました。

さんざん迷惑をかけた留学生活でしたが、ひとつだけでも親孝行できていたのかと思うと、ちょっとほっとしました。

妻の名前を永遠に残す

雪のような白い葉を持つ新種の観葉植物

私の妻、奈央子は旧姓を「オサメモト」といいます。

どんな字を書くかわかりますか？　結納の「納」に、ブックの「本」でオサメモト。かなり珍しい名字です。私は、妻の一家以外この名字を名乗る人に会ったことがありません。初めて会ったときはどう読むのかわかりませんでした。

彼女は納本家の一人娘。私と結婚することで、その名前が将来的にはなくなってしまいます。

結婚直前の彼女はちょっとマリッジブルーだったこともあり、私としてもなんとか元気づけてあげたかった。いろいろ考えをめぐらせ浮かんだアイディアが、「オサメ

モトという名字を、まだ名前のついていない植物の名前にして残したらどうだろう?」というものでした。

世界からさまざまな植物を集めていると、新種を発見することがあります。ちょうどこの時期、インドネシアにプラントハンティングに行った父が発見してきた植物も新種のようでした。フィロデンドロン・フロリダという観葉植物の変種で、葉がこれまでに見たことのない雪のような白色をしていました。

もちろん、その植物は日本でまだ流通していません。父はほかのものと一緒に珍しい植物として売り出そうとしていましたが、ふと思いついて進言しました。

「これ、品種登録したほうがええんちゃう?」

品種登録とは、新品種を発見したり生産したりしたときに農林水産省に申請するもので、これが許諾されると学名としても通用する名前をその植物に付けることができます。

植物に新しい名前をつけるのは、この業界ではよくあることです。「感謝の木」(ストレリチア・オーガスタ)、「幸福の木」(ドラセナ)、「金のなる木」(クラッスラ・オ

ヴァ・タ）などは聞いたことのある人も多いと思います。

しかしこれらの名前は、花を売る業者が独自に命名して売り出している商品名にすぎません。私が提案したのは、登録した名前を学名として永遠に記録に残すこと。そのためにも品種登録が必要だったのです。

では、この植物にどんな名前をつけるか。

観察していると、面白い特徴があることがわかりました。新しく生えてくるのは、雪のようなきれいな白い葉。これだけでも大変珍しいのに、成長するにつれその葉がフロリダ本来の深い緑色に変化していくのです。

まるで雪がどんどんおさまっていくようやな。

ここではっと気づきました。

「オサメモト」という妻の名字をこの植物にならば付けられるのではないか。

雪がオサまる。オサメもと。

「オサメユキ！」

私は発見者の父に提案しました。

「あのフィロデンドロンな、オサメユキって名前はどうやろ。白い葉が緑になっていくのが、雪がだんだんおさまっていくみたいやろ?」

普段は私に厳しい父も、この試みには賛成してくれました。

「この植物を使って奈央子になんかしてやるっていうのは、ええことやと思う」

こうして品種登録を申請したフィロデンドロンは、農林水産省の許諾を得て、正式に学名として登録されました。

「フィロデンドロン・フロリダ〝オサメユキ〟」

〝オサメユキ〟の部分は、フロリダ種の変種という意味です。

妻の旧姓を植物の名前に残したからなんなんだ、と言われると「それもそうだな」と思うところもあります。いわば二〇代の男子が必死に考えた精いっぱいのお返しみたいなものです。納本という名字がなくなったとしても、植物の名前として「オサメ」という部分は永遠に残るのです。

「ロマンチックでちょっとええんやない?」と思って始めたこの試みは、妻や妻の家族に内緒にしたまま進め、結婚式でVTRとして流して発表することにしました。

妻と私がお色直しをしているときに流して、義理の両親へのサプライズプレゼント

にする予定が——父も母も、列席してくれたお客さんにすごい勢いでビールをついでいて、まったく見ていなかったらしい。まわりのおばちゃんたちが「ちょっとすごいやん！　え、あんたら、あれ見てないの？」と驚いていたそうです。

結局、式が終わってから四人で家に帰ってゆっくりＶＴＲ観賞。お父さんもお母さんも喜んでくれてひと安心です。

オサメユキは二〇一一年の夏、いよいよ東京の市場に出荷され初競りにかけられます。皆さんが花屋で目にする日も近いかもしれません。

第三章
皮肉の花

日本で燃やされた植物

銀色に美しく輝くヤシ

「植物って簡単に海外から日本に持ってこれるものなの？」

という質問をよく受けますが、そう簡単にはいかないのがプラントハンティングの難しいところ。植物が日本に入ってくるまでの間には、さまざまな過程があるのです。私が経験したいくつかのエピソードを紹介したいと思います。

チャメロプス・フミリスというヤシがあります。地中海諸国に多く植生していることから、地中海ヤシとも呼ばれているもので、特徴的なのはそのコンパクトさ。ヤシは一般的に一本の幹がまっすぐ伸びてその頂点に葉が生えますが、このヤシは根元から数本の短い幹が生えます。このサイズなら、造園や園芸にピッタリだし、盆栽のよ

うに鉢にちんまり収まるので観葉植物としてベランダで飾るのにも手頃《てごろ》です。

ほとんどのヤシは温暖な気候を好むのですが、このチャメロプスは日本の寒さに耐えられることを私は知っていました。日本の寒さに適応でき戸外でも植えられるヤシは、現在流通しているもので三～四種類ほどしかありません。ここに新しい種類が加わるのですから、きっと人気が出るに違いない。私は日本の業者のなかでもいち早く目をつけ輸入を開始しました。

その後そのスペインの業者と定期的に取引を続ける中で、チャメロプスの変種があることを知りました。モロッコのある山にしか生えない種類で、名前をチャメロプス・フミリス〝セリフェラ〟といいます。

その業者の農場に植えられたセリフェラを見てしびれました。太陽の光を浴びて、葉が銀色に輝いているのです。キラキラと。あまりに美しすぎて言葉を失いました。ただでさえ人気のあるチャメロプスの光り輝く銀色バージョン。これがウケないわけがありません。私はさっそく二〇鉢を輸出用に仕立てることにしました。

日本は検疫が厳しい国です。検疫とは、ごく簡単にいえば海外から輸入するものが虫や病気に汚染されていないかを入国の際に検査すること。たとえば土が付着してい

ると、その植物は日本に輸入することができません。土の中には虫や病原菌のほか、その地域に特有の植物の種などが含まれています。これが日本に持ち込まれてしまうと、おもわぬ外来種の繁殖を招いてしまう。これを防ぐために日本では検疫を厳しくしているのです。

私はスペインの業者にこうした日本のシステムを説明して、確実に日本に持ち込めるための方法を伝えました。まず、セリフェラの根を水で丁寧に洗うこと。次に必要のない根を切り落とすこと。人工用土を入れた鉢に植え替えること。人工用土とは土の代わりになってくれる輸出用の土のことで、虫や種などが入り込まないように作られており、これなら日本の検疫でもパスできるのです。

必ずこれらの処理をするよう何度も確認し、それでも心配だったので書類にまとめ業者にファックスもしました。相手も植物のプロ。これまでにチャメロプスの輸入で何度か取引もしているし、まあ大丈夫やろ。

そして待ちに待ったセリフェラが日本に上陸しました。神戸港に到着したセリフェラは日本の太陽の光を浴びてキラキラと輝いています。港の作業員たちもコンテナから荷下ろしをしながら、セリフェラに見入っていました。

チャメロプス・フミリス。スペインの農場にて。地中海原産のヤシ。寒さに強く戸外での越冬が可能。成長が遅く手入れが必要ないので、ヨーロッパでは庭園樹として人気。

荷下ろしが終わると、いよいよ植物防疫官による検査が始まります。すべての植物を対象に、虫や病原菌がついていないか国が定めた項目に従って検査していくのです。これには時間がかかるので、いったん植物を預けた私は会社に帰りました。

そして三日後、検査終了の報告を受けて私は再び神戸港に向かいました。すると防疫官がよってきて私にこう言ったのです。

「花宇さん、チャメロプス・フミリス〝セリフェラ〟の件なんですけど」

嫌な予感がしました。防疫官がよってくるということは、何か問題が起きたということです。ちゃんと処理するよう伝えたはずだけどまさか……。

「土が検出されました」

「マジッすか！」

思わず叫んでしまいました。話を聞いてみると、そのとき一緒に輸入したほかの種類のヤシは検疫をパスできたのに、よりによってセリフェラだけ、二〇鉢すべてから土が検出されてしまったようなのです。

私は急いでセリフェラの鉢を調べました。指示したとおり、人工用土に植え替えられているようです。

「ちゃんと人工用土に植え替えられていますよね?」

「人工用土の中から微量の土が検出されたんです」

許可を受けた安全な用土を使っているので、原因は水洗いが甘かったとしか考えられませんでした。セリフェラを鉢から引っこ抜いて根の部分を調べてみると、切り落とした根元の部分はきれいに処理されていましたが、人間の目では確認できないくらいのごくわずかな土が付着していたのでしょう。

「こちらに判をいただけますか?」

防疫官が書類を差し出してきました。それは、植物の焼却処分に関する許諾書でした。こうなるともう観念するしかありません。

「ちょっとだけなんだから勘弁して」

というような融通はまったくききません。ゼロか百か。二つに一つしかないのです。私は断腸の思いで書類に判を押しました。

とてつもなく哀《かな》しい思いをしたのは確かですが、防疫官を責めることはできません。彼は忠実に職務を遂行しただけですし、こうした厳しい検疫のおかげで日本の美しい自然が守られているのも確かなのです。あとで触れますが、マダガスカル島では、メ

キシコから持ち込まれたウチワサボテンが恐ろしい勢いで増殖し、固有の植物を脅かしています。それもこれも、検疫が甘くて簡単に植物を持ち込めてしまうからなのです。

もっと簡単に植物を持ち込めたら苦労しないですむのに。そう思うことは少なくありません。しかし、ルールを守ってこそのプロですし、世界の自然を守るためにも検疫は厳しくあるべきだと思っています。

ルーズな海外業者

こうしたルール上の難しさに加え、さらに人の難しさが加わるときもあります。海外の業者は、ときとして日本では考えられないほどのルーズさを発揮することがあるのです。

タイの栽培家から多肉植物を仕入れたときは、根の土はきれいに落とされていたのに、なぜか葉に土が付いていて検疫に引っかかりました。もちろんその植物は焼却処分です。私はその栽培家に連絡を入れました。

「土は落としてくれって言っただろ?」

「ちゃんと落としたよ。根はきれいだったろ?」

「でも葉に土が付いていたよ」

「葉のことはひとことも言ってなかったじゃないか」

私が口を酸っぱくして根のことを言ったからそこだけを一生懸命落としてくれていたのでした。まさか葉を見落とすとは。指示どおりといえば指示どおりですが、日本の業者だったらありえないミスです。

この栽培家は、現場で口約束した値段とは三倍も違う金額のインボイスを送ってきてさらに私を驚かせました。インボイスとは、商品の輸出入時に必要になる請求書のことで、税金や輸送費や植物の購入費など、その取引にかかる経費を明記したものです。普通、日本の業者だったら口約束も約束のうちと心得てそのとき言った金額を請求書に書いてくれるでしょう。しかし、そのタイの業者は違いました。

あまりにも金額が違ったので私はふたたび栽培家に連絡しました。すると彼は悪びれもせずにこう言いました。

「あれ、そんな話してたっけ?」

「してたやん！　総額いくらって事務所で話したやろ？」

「ああ、そういえばそうだったっけ？　わかった、書き直すよ」

結局約束どおりのインボイスを作ってもらって事なきを得ましたが、海外業者のこうしたルーズさにはいつも悩まされています。

メキシコのホルケも私を悩ませたひとり。彼はメキシコ政府公認のプラントハンターです。背が低くてやたら顔がでかく、愛嬌《あいきょう》のある外見そのままの陽気なメキシカンです。彼は英語をまったく話せないので、通訳を伴って彼の農場に行きました。

夜は零下二〇度、昼は五〇度にもなる厳しい気候に耐えられるメキシコの植物は当然日本の気候にもフィットするので、観葉植物として人気があります。私が目をつけたのはダシリリオン・ロンギシマムとユッカ・ロストラータという植物でした。両方とも植えたらほったらかしで大丈夫なほど育てやすく、とくにダシリリオンは、ずんぐりした幹ととがった葉のコントラストが愛嬌があって、仕入れるとすぐに注文が入るほどの人気者です。

私は仕入れる植物を選び、ホルケに日本の検疫のこと、必要なサイズと数量を伝えました。

メキシコから神戸港にダシリリオン・ロンギシマムが届く。ダシリリオンはリュウゼツラン科の植物で、ソテツのような黒茶色の幹に生える細長い葉が特徴的。

「オーケー！」

　届いたコンテナを見て驚きました。まず、ダシリリオンのサイズがバラバラ。幹高一メートル、一・五メートル、二メートル、三メートルと細かくサイズを指定してそれぞれの本数を発注していたのに、ほとんどが二メートルや三メートルの大きいものばかり。

「でかすぎるやろ！」

植木の世界では、木は大きければ大きいほど価値があるので、いい木には違いありませんでしたが、なかには小ぶりのものをほしがるお客さんもいるのです。さまざまなニーズに対応できるようにわざわざサイズを指定していたのに、ホルケにはこちらの意図が伝わっていなかったようです。

花宇が植物を輸入すると、たくさんの作業員が集まります。見たこともない植物が大量に届くから、面白がって人が寄ってくるのです。このときも、作業は一五人で行う予定でしたが、気づいたら三〇人にもふくれ上がっていました。ボランティアで手伝ってくれたようでした。

お願いしたことはきちんとやってほしいという気持ちはもちろんあります。しかし、

それぞれお国柄があるのも事実。彼らは彼らなりに、頑張ってくれているのです。海外業者の協力なくしてハンティングはできない以上、さまざまな人種や考え方とも付き合っていかなくてはならないのです。

バオバブとサイザル

見るだけで涙があふれる木

二〇〇四年、私はあこがれのバオバブに会いに、マダガスカル島に飛びました。

バオバブは、サン・テグジュペリの『星の王子さま』で星を破壊する巨木として登場することから、名前を聞いたことのある方も多いと思います。マダガスカルに八種、アフリカに二種、オーストラリアに一種の固有種が生えている、パンヤ科アダンソニア属の植物で、成長すると高さ二〇メートル、周囲一〇メートルもの巨木になります。

この太い幹は、乾季に耐えるために水分を蓄える役割を担っており、圧倒的な重量感と迫力は他の追随を許しません。メジャー度からいっても形の格好よさからいっても、植物を扱う仕事をしている人が敬愛してやまない木のひとつです。

バオバブは、その木と一緒に暮らす人々にとってなくてはならない存在です。樹皮は屋根材やロープ、また薬用にも使われます。果実を食べたあとの殻は食器や楽器に利用され、種子は食用油、石鹸《せっけん》になる。葉は乾燥させて粉状に砕きクスクスの中へ。子供たちの遊び場としても欠かせません。

また古くから、精霊の宿る木として崇められてもきました。なかでも霊力が高い木はご神木とされ、人々の祈りの対象となっています。

ヨーロッパの人にとってのオリーブと同じように、バオバブはアフリカの人々にとって歴史と生活と文化を反映したシンボルツリーなのです。

バオバブの神秘を伝えるエピソードをひとつ紹介しましょう。二〇〇九年三月に公開された映画『バオバブの記憶』の監督、本橋成一さんから聞いた話です。

この映画は、セネガルのある村が舞台。一二歳の少年を中心に、バオバブの木とともに生きる人々の生活をとても美しい映像で描いた作品です。このなかで、盲目のシャーマン（祈禱師《きとうし》）がバオバブのご神木《しんぼく》の霊力を用い、不妊症に苦しむ女性の治療にあたるシーンが出てきます。監督はこのシーンを撮るにあたり、どうしても現地の本

物のシャーマンに出演してほしかった。そこで撮影前にスタッフ全員でシャーマンに会いに行ったそうです。

そこに同席した女性プロデューサーが、じつは不妊症でした。その話をすると突然シャーマンの治療が始まったそうです。彼女の手の平を握り、そこからすべてを読み解いて解き放っていく――。

撮影終了の数カ月後、女性プロデューサーは見事ご懐妊したそうです。

もちろん、これがバオバブの霊力のおかげなのか、はたまたシャーマンの祈禱のおかげなのか、もしくは偶然の産物なのかはわかりません。しかし、「バオバブのおかげで妊娠しました」と言われれば、私はきっと信じると思います。スピリチュアルな力があると信じるに足る魅力がバオバブにはあるのです。

いろいろな写真や資料に出会い、知れば知るほどバオバブへの想《おも》いは強くなっていきました。とにかく実物を見てみたくて、なんの依頼もないにもかかわらず私は現地に飛びました。二四歳のときのことでした。

私がまず目指したのはマダガスカルの南の町、フォールドーファン（現・トラニャ

ロ）から西に入った「棘《とげ》の森」と呼ばれる乾燥地帯でした。ここはマダガスカル特有の植物が多く植生している地域で、アローディア・アスケンデンス、パキポジウムなど棘の生えた植物だけで構成されている世界でも類を見ない森です。せっかくマダガスカルに来たんだから、まずはこの有名な「棘の森」を見てやろう。私は車を走らせました。

四、五時間ほど走ったころでしょうか。熱帯雨林のようなうっそうとした森から、背の低い草木が生い茂るサバンナへと景色が開けた瞬間、ひときわ高くそびえる異様なフォルムの巨木が見えました。

「バオバブや！」

突然の出会いに興奮した私は車をぶっ飛ばしてそのあこがれの木のもとに急ぎました。

植物は私にとって「獲物」という意識が常にあります。美しさに感動したとしても、それはすぐに欲に変わる。趣味や研究目的で珍しい植物を見に旅行したり、世界中から輸入している人は数多くいます。しかし私は違う。植物を日本に持ってきて、それを待っているお客さんに届けることが仕事なのです。だからどんなに美しい木に出会

っても、頭の片隅ではその木を求める人がいるかどうか常に考えています。

しかしバオバブは違いました。

後にも先にも、見た瞬間理由もなく涙があふれたのはこのときしかありません。それくらいあまりにも圧倒的な存在感で、山のようにそびえ立っていたのです。

しばらく私はバオバブに見とれていました。

美しい緑の平原に隠された真実

それから四時間車を走らせ棘の森を堪能《たんのう》したあと、さらに車を走らせていると突然とてつもなく美しい光景が目に飛び込んできました。広大な平原に敷きつめられた緑のじゅうたんの合間に、巨大なバオバブがぽつんぽつんと点在しているのです。

なんてきれいなんやろう。

バオバブといい棘の森といいこの緑のじゅうたんといい、マダガスカルの自然の豊かさ、美しさに心洗われる思いです。来てよかったなぁ。しみじみと窓の外の風景に感動していると、ふとおかしなことに気づきました。

その緑のじゅうたんの正体は、サイザル麻の原料になるアガベ・サイザルという植物。メキシコ原産で、マダガスカルには生えていないはずの植物です。なぜこんなにも広大な土地に植えられているのか。

同行していたガイドに話を聞くと、理由がわかりました。そのサイザルはフランス人実業家によって植えられたもので、二万五〇〇〇ヘクタールという果てしない広さを持ったプランテーション（大規模農場）だったのです。サイザルの葉からとれる繊維はロープや袋などに加工され、世界中に輸出されています。国民の七割が一日二ドル以下で生活しているともいわれるマダガスカルで、このサイザル農場は多くの雇用を生み出す貴重な産業だったのです。

これだけの農場を開墾するには、数多くの貴重な固有種が犠牲になったことでしょう。

そんななかで、バオバブだけが精悍《せいかん》にそびえ立っていました。

精霊の宿る木ともいわれているこの木に敬意を払って切らずにおいたのかもしれません。もしくはただ単に、切り倒すにはあまりにでかすぎて面倒くさかっただけかもしれない。それはわかりませんが、私には、根元にまで隙間《すきま》なく植えられたサイザル

をものともせず、どっしりとそびえ立つバオバブが人間の横暴に無言で抵抗している
ように見えました。

この農場を見ながら私ははたと思い出しました。

熱帯雨林、サバンナ、乾燥地。これまで回ってきたマダガスカルの各地で、必ず見かける植物があったことに。それはウチワサボテンです。メキシコ原産で、その名のとおりうちわのような平べったい形が特徴。マダガスカルの固有種よりも性質が強く、そのうえ再生力が強いのでどんどん増殖し、完全に帰化（人が外国から持ち込んだ植物が野生化すること）してしまっていたのです。

原因はメキシコから持ち込まれたサイザルです。検疫システムもまだ整っていない時期に持ち込まれたため、付着していた種を見逃してしまったのでしょう。その種がマダガスカルの地に根付いてしまい、帰化したのです。

産業をもたらしたサイザルが外来種の増殖を招いてしまった。

さらに皮肉な現実があります。

マダガスカルの人たちにとって、食べるとほんのり甘いウチワサボテンの実は格好

サイザルの大農場にそびえるバオバブ。

のおやつです。赤紫色のその実を口に含んでは、ペッと種を吐き出す。その種が根付き、また新たなウチワサボテンが生まれる。

こうして、生息範囲を広げ続けているのです。

サイザルは人々の生活を支え、ウチワサボテンは人々の胃袋を満たしている。

その裏側で、世界にひとつしかない貴重な自然が破壊され続けている。

誰が悪いという話ではありません。

植物のことを知ると、こうした世界の皮肉な現状が見えてくることがあるのです。

ソコトラ島の未来をつなぐ

絶《ぜつ》滅《めつ》危《き》惧《ぐ》種《しゅ》を育てる親子

その昔、アラブのとある王様がソマリアとイエメンの間に浮かぶ小さな島にプラントハンターを送り込んだそうです。目的は、万能薬の「アロエ」、ドラゴン・ブラッド・ツリー（竜血樹）の赤い樹液を固めた「シナバル」、そしてボスウェリアの樹液である「乳香」でした。シナバルは染料や止血剤として使われ、乳香は香料として当時の女性たちを魅了したそうです。

その小さな島が、ソコトラ島です。この島に植生する約八五〇種類の植物のうち竜血樹や砂漠のバラなど約三〇〇種が固有種で、環境保全の必要性から二〇〇八年、世界遺産に登録されました。

—ここは本当に地球なのか」

この島に初めて来たときの、率直な感想です。あまりに美しすぎて、地球上に実在する場所とはとても思えませんでした。それくらいのインパクトがソコトラ島の植物たちにはありました。なかでも竜血樹に出会えたときは、興奮しすぎて脳の神経が一本「プツン」と切れた音が聞こえた気がしたほど。

この島の植物はすべて保護されているので、日本に持ち帰ることはできません。では、なぜプラントハンターである私がここを訪れたのか。その理由は植物の保護活動をしている親子がいるのを知ったことにありました。

こういう保護されている場所でのプラントハンティングに必要なのは、その国の助けと地元の人たちからの信頼です。正規のルートで堂々とソコトラ島の植物を日本に輸入するにはどうすればいいか。そう考えたときに思いついたのが、まずその家族と会って協力関係を築くということでした。

アディブとアハマドの親子は、絶滅危惧種の植物を山でハンティングして育苗場で育てています。山にはそれこそ数百万本、数千万本の規模で竜血樹などの多様な植物

ソコトラ島のシンボル、ドラゴン・ブラッド・ツリー（竜血樹）。学名はドラセナ・シナバル。年輪がないので正確にはわからないが、傘状に枝を広げたもので推定樹齢500年といわれる。

が生えており、地元の人たちは、

「なぜわざわざ山ほど生えている木を育てているの？」

と、この親子の試みが理解できなかったそうです。人々は自然を守ることよりも、自分の生活をやりくりするのに精いっぱい。理解できないのも当たり前のことかもしれません。

しかしこの親子は違いました。

「今のうちから育てておかないとソコトラ島の未来が危ない」

初めて会った日本人の私を相手に、息子のアハマドは自分たちのやっていること、そして地元の人たちの理解がなかなか得られないことを一生懸命に話してくれました。未来が危ない。アハマドの言葉が私の胸に突き刺さりました。それまで二日間、山を見て回っていて、私も同様の危機感を抱《いだ》いていたからです。

「山には大きくて年老いたドラゴンがたくさんあったけど、若い木がぜんぜんないよな？　老いた木たちが枯れたら、ドラゴンがすべてなくなっちゃうんじゃないか？」

「そうなんだ」

アハマドは深刻な顔でうなずいています。

「それに気づいてたから、こうして育ててたんやね」

イエメンは、「アラブの最貧国」といわれています。石油が出ず、そのうえおもだった産業のないこの島では、いまや観光業だけが唯一の希望の光です。世界遺産に登録されてからは、ようやく年間四〇〇〇人の旅行者が訪れるようになりました。ちなみに一〇年前の来島者はたったの七〇人だったそうです。

もしこの島の最大の特徴である巨大な竜血樹たちが枯れてしまったら、観光業に致命的なダメージを与えることになります。この島の旅行者のほとんどが、植物たちの作り出している美しい景観を目的に訪れているからです。この親子にはそれがわかっていて、何十年、何百年後の島のことを考えて植物を増やし始めたのです。

ソコトラ島の約三〇〇種の固有種のうち、二〇〇種近くが絶滅を危惧されています。いちばんのシンボルともいえる竜血樹は、その繁殖域が二〇八〇年には現在より四五%も減少するおそれがあるという試算もあるのです。今から始めなければ、間に合わない。親子の必死の想いが、この小さな育苗場に込められているのでした。

枯れてしまった竜血樹。

アハマドと著者。絶滅危惧種を探しに山へ。

数千万本のうちの一〇本が島を変える

なぜ若い木が育たなくなったのか。答えは、島のいたるところで見られるトピアリ（植物を人工的に形作ること）状に刈り込まれた低木にあります。これは自然の姿ではありません。日本でも同じ現象になっている山をいくつも知っていたので、それが山羊《やぎ》の仕業《しわざ》であることがすぐにわかりました。この島にはそこらじゅうに野生化した山羊がいて、毎日いろんな草や木の若芽を食べ回っているため低木がそういう形になっているのです。

村の老人に、山羊は昔からこの島にいたのか尋ねてみると「自分が子供のころから山羊はこの島にいた」と言います。もっと昔の世代に山羊が外から持ち込まれ、木の若芽を食べ続けたため、樹齢数百年の老木しか残っていないのです。

だからといって、貴重な自然のために山羊をすべて排除すればいいのかというと、そうもいきません。山羊はすでにこの島に住む人たちにとって生活に欠かせないものです。乳を搾《しぼ》り肉を食べる。彼らの貴重な財産になっています。

現在の村人たちの財産である山羊たちが、これからの村人たちの未来を支える植物を脅かしている。皮肉な現実がここにあります。

村人の未来を守るために美しい自然を守ることが急務です。アハマドはそういうことをすべてわかったうえで、誰にも頼ることなく植物をハンティングしてきて育てている。

しかし、親子二人でやるには限界があります。彼には山羊から育苗場を守る柵《さく》を作ったり、苗を作る人手が必要でした。

私はそのとき思いついたアイディアを彼に話しました。

「ここの山羊たちは、砂漠のバラの若芽は食べないみたいやな」

「そうなんだ。うまくないのかな」

「若い木を見てて思ったんだけど、あれめっちゃカワイイやん」

「砂漠のバラ」はキョウチクトウ科の多肉植物。幹の根元がプックリふくらんでいる独特の樹形が特徴で、とくに若い木は丸くて小さな幹からピヨッと葉が生えている姿がたまらなく愛らしい。

「これな、日本でめちゃくちゃ人気出るで。たとえばこの木をアハマドに育ててもら

う。それがもし正規のルートで日本に輸入できたら、うちが独占的に買い取る。もちろんフェアトレードでやるから、利益は還元する。そしたらアハマドはそのお金で人を雇って、育苗場をどんどん充実させることができるやろ」

雇用が生まれ、ソコトラの未来が守れる。そのうえ日本人がソコトラ島の植物を楽しむことができるのだから、こんなにいいことはありません。

「あとな、俺に一〇本だけ、大きな砂漠のバラの木をハンティングさせてほしいねん。貴重な植物であることはわかってるけど、何千万本と生えてるなかのたった一〇本だったら、生態系にも影響はない」

「その木はどうするんだ？」

「これまで培ってきた人脈を駆使して、できるだけ多くの人に見てもらえる場所に植える。日本だけやなく海外も含めてな。ビックリするで、砂漠のバラの実物を見たら。どうしたって、ソコトラ島に興味を持つ人も出てくるやろ。そしたら、この島の観光客も増える。俺は今の何倍にも増やす自信あるで」

アハマドは私の目をじっと見つめています。本気なのかどうか、確かめていたのでしょう。もちろん私は本気です。日本で大きな砂漠のバラが見られるなんて、想像す

砂漠のバラ(学名、アデニウム)の苗木。東アフリカ、ナミビア、アラビア原産で、英名「デザート・ローズ」の名のとおり赤やピンクの美しい花を咲かせる。

るだけで興奮します。

「わかった。今度くるときは、俺の大親友、イエメンの環境大臣を紹介するよ」

貴重な植物を守るため、一本たりとも木を切らせない、という保護のしかたも理解はできます。しかし、植物を守るためにあえて人の手でハンティングし、育てる、というやり方もあるのではないか。

正しい知識と経験に裏打ちされたプラントハンターこそ、自然のことを理解し守ることができる存在なのかもしれません。

植物は枯らしてもいい

エコと植物

「プラントハンター」という言葉は、「環境破壊」に結びつきやすい言葉です。

「そんなにまで苦労して持ってきて意味あるの?」

「貴重な植物を持ってきちゃって、生態系が崩れたりしないの?」

「そもそも植物を切るのってかわいそうじゃない?」

などと言われることがときどきあります。

エコブームにのって地球環境について思いを巡らせている人には、植物はあくまで植えて増やすものであり、切って流通させるものではないのでしょう。植物を植えれば二酸化炭素が減る。そうすれば地球温暖化が防げるというイメージが先行している

ような気がします。

しかし私は、こうした短絡的な考え方は、大切な真実を曇らせるので危険だと思っています。植物は本当に、すべてが環境に優しいものなのでしょうか。

たとえば春になると、オランダから大量のチューリップの切り花が空輸され、トレーラーで市場に届き、トラックで花屋に納品されます。この間排出される二酸化炭素について考えてみたことはありますか？　母の日になると花屋に大量に並ぶカーネーション。この花が、数百万本単位で中国から輸入されていることを知っていますか？

部屋を彩る観葉植物が石油製品であることを知っていますか？　巨大な温室を維持するために燃やされる石油の量を知ったら、誰もが驚くことでしょう。

木を見て森を見ざるがごとし。大切なものを見落としているように思えてなりません。そもそも市場に流通している植物は、環境に優しくないのです。二酸化炭素削減のために植樹をするとしても、その場所に木を運ぶためにトラックが使われ、トラックから荷下ろしするためにクレーンが使われているのです。

植物を消費すること

では、植物は買わないほうがいいのかというと、それも違います。

ソーセージは、養豚場で育てた豚を精肉しミキサーにかけて腸に詰めたものです。しかしスーパーに並ぶときにはきれいにパッケージされ、そうした裏側が見えないようになっています。ソーセージを見て「豚がかわいそうだからやめてくれ」という人がどれだけいるでしょうか。命をいただくことに対して感謝の念を抱く人はいるかもしれませんが、「豚がかわいそう」と思う人はきっと少ないでしょう。

植物も同じです。

この花があなたに届くまでに費やされたエネルギーのことを考えると苦しくなるだけです。ソーセージをただおいしいと感じるように、植物をただかわいいと感じればいい。ただ癒やされればいい。ただ愛《め》でればいい。もしあなたの人生に花や木がなかったらどれだけ寂しいでしょうか。

植物には人の心を豊かにする力があります。

玄関に小さなサボテンを飾ってみてください。家に帰ってきたあなたを心地よく癒やしてくれるはずです。テーブルにバラの切り花を飾ってみてください。その美しい花びらで食卓が華やぐはずです。部屋にパキラの鉢を飾ってみてください。ぐんぐん成長するその姿にどんどん愛《いと》しさがわいてくるはずです。

日々育《はぐく》まれた小さな幸せが、私たちの心を豊かにします。すると、こんなことをふと思うようになるかもしれません。

「植物ってすごいかも」

この思いが大きくなって、それがやがて環境問題に思いを巡らすことにつながってくれるのならいいなと思います。短絡的にエコと植物を結びつけるよりも、よほど自然な流れだと思いませんか？

枯らすことを必ずしもかわいそうだと思う必要はありません。その一本のバラが食卓を華やかにしたのならそれでいいのです。言葉は悪いかもしれませんが、どんどん植物を消費してください。まずは植物にふれて、その魅力に気づくこと。それが、ゆくべき方向だと思います。

植物は枯らしてもいいのです。

第四章

苦しみの花

父の殺気

おまえは三年間奴隷だ

一年九カ月間の海外生活を終えた私は、二〇〇〇年一二月に帰国、翌二〇〇一年の一月、花宇に入社し職人として働き始めました。幼いころから花宇を継ぐのは当然のことだと考えていた私は、「帰ってこい」という突然の父の帰国命令もごく自然に受け止めていました。

花宇入社前日のことです。自室に呼び出した私に対して、父はこう言いました。

「明日から三年間は俺の奴隷やと思って働け」

いきなりなに言うとんねん、親父《おやじ》は。

「なんじゃそりゃ」

「こういう仕事はな、親子でやったら絶対ケンカすんねん。せやから、これから三年間はいっさい口答えするな」

「はいはい」

私は話を切り上げて部屋を出ました。

それまではごく普通の親子だったのに、突然明日から奴隷になれと言われてもそう簡単には受け入れられません。父の言葉を深く考えることなく、その日はそのまま寝ました。

今から考えると、父の言葉の意味もちょっとわかるような気がします。父としては、息子だからといって私を甘やかすことはできません。ほかの職人たちに示しがつかないからです。おまえには厳しくいくから覚悟しとけ。そんな意味を「奴隷」という言葉に込めていたのだと思います。

息子であるということ以上に、明治元年（一八六八年）から脈々と受け継がれてきた「花宇」の看板をけがしてはならない、という思いもあったのかもしれません。

花宇の歴史

花宇の創業は明治元年。私の曾々《ひいひい》おじいちゃんにあたる西畠宇之助によって、現在花宇がある兵庫県川西市に作られました。花宇の〝宇〟はこの宇之助からとったものです。

初代宇之助がどんなことをやっていたかというと、じつは詳しいことはわかっていません。仕事の内容などを書き記した帳面が残っておらず、公式の記録が存在しないのです。

かつて宇之助と交流があったという老人から私の父が聞いた話によると、宇之助は神戸や大阪などにリヤカーを引っ張って行き、地元にない野菜の苗や花の苗などを仕入れて持ち帰って売っていたそうです。

花宇のある兵庫県川西市と隣接する宝塚市は、昔から植木の産地として有名で、埼玉の川口市安行《あんぎょう》、福岡の久留米市《くるめし》と合わせて、日本の三大植木産地と呼ばれています。植木や花材を商売にする業者が多く、花宇もそのうちのひとつだったのでしょう。

宇之助の跡を継いだのは、長男の徳松でした。この人が、私にとっては〝偉大な人〟です。言うなれば、花宇のゴッドファーザー。

明治時代も後期になると、百貨店や商業施設などが全国に次々と展開されていきました。これに目をつけた徳松は、全国からさまざまな花を集めて百貨店に卸すようになります。これが卸売業としての花宇の始まりといえます。

花を卸しているうちに今度は百貨店から「二月に桜を咲かせてほしい」「一月に梅がほしい」という注文を受けるようになりました。そこで徳松は当時としては珍しい温室を建設。切った花木の枝を温度調整することにより、開花の時期を早めることに世界で初めて成功しました。これが、現在花宇の業務の中核のひとつとなっている「開花調整」という技術の原型です。

開花調整とは、ある花を思いどおりの時期に咲かせる技術のこと。花宇でいちばん注文が多いのが桜です。たとえば「二月に満開の桜がほしい」などという依頼にも、開花調整という技術があれば対応できます。もちろん桜だけじゃなく、梅やつつじや石楠花《しゃくなげ》、藤など、さまざまな花の開花を調整することが可能です。明治時代の人々にとって、この技術は魔法のようにうつったことでしょう。それほど当時としては革

新的な技術でした。

扱う植物の種類の豊富さや開花調整された植物がうけて、花宇は二代目で急成長を遂げます。現在の花宇の基礎は、徳松が築いたといっても過言ではありません。世の中がほとんど洋装に変わったなか毎日着物で仕事をして、そうかと思えばその姿のまま当時はまだ珍しかった玉突きに興じたりと、ハイカラなところもある趣味人だったそうです。

三代目は徳松の長男、卯之松。私の祖父にあたります。卯之松は取り扱う植物の種類をさらに広げました。二代目の残してくれた広大な土地や温室を活用し、さまざまな植物を育てて出荷する。そのなかには国内でハンティングしてきた珍しい植物も含まれていました。こうして扱う植物の種類が増えてくるとともに、活け花用の花材を提供することも増えてきたそうです。この仕事は現在にも受け継がれ、花宇のメインの仕事のひとつになっています。

もうひとつ卯之松から引き継がれたのが、長野県東筑摩郡筑北村《ちくほくむら》（旧坂井村）にある桜の産地です。

開花調整を要望される花木のなかでももっとも依頼が多かったのが桜。そこで卯之

松は、安定供給ができるよう国内の産地を回りました。そのなかで出会ったのが長野県のある農家の男性。話しているうちに意気投合し、「これから苗を送るから、うちのために桜を育ててくれないか？」と提案して交渉成立。こうして自前の産地を抱えることになり、現在に至るまで毎年毎年、一月になると枝を切りに行っています。花宇では年間数千本単位で桜の枝の注文を受け出荷していますが、こうした産地の協力を得ることができてこそ可能なのです。

協力体制を築けたのも、祖父の真っ直ぐで人が大好きな性格によるところが大きかったと思います。

四代目は私の父、勲造《くんぞう》。そのスタートは、非常に波乱に満ちたものでした。卯之松は、若くして亡くなってしまい、このときに親せきたちと父との間で相続問題が発生します。花宇を継ぐべき長男の父は、当時まだ若かったためすべてを失うことになり、自分の妻と弟と母（私から見たら祖母）の四人で、ほとんどゼロからの出発を余儀なくされたのです。

それでも必死に仕事に打ち込んで前に進んで行った結果、じょじょに仕事をもらえるようになりました。父が信用を回復して顧客を増やしていくことができたのには、

いくつかの理由があります。まずひとつ目は、開花調整の進化です。

それまでの開花調整は、温室を利用して、通常よりも開花を早めることしかできませんでした。それを逆に、開花を遅らせることに成功したのです。この技術を「開花抑制」といい、今も同じ手法で続けられています。つまり桜でいえば、一月や二月に咲かせることもできれば（開花調整）、六月や七月にも咲かせることができるようになったのです（開花抑制）。

さらに海外でのプラントハンティングを始めたのも父の代からです。「よそと一緒のことやっててもしゃあない」と考えて、海外の植物を仕入れはじめました。

今でこそ大手の商社が海外から大量輸入して珍しくなくなったエアープランツやサボテンのなかには、もとをただせば父が初めて日本に輸入した、という植物が数多くあります。

たとえば、チランドシア・ウスネオイデスというエアープランツ。これは父が三〇年前にブラジルに行ったとき、電柱に引っかかってるのを発見し、「こりゃ珍しい」と日本に持ち帰ってきたものです。もし父が電柱にあるエアープランツをただのゴミだと思って無視していたら、日本に上陸するのがもっと遅かったかもしれません。

こうした世界の珍しい植物たちが、華道家やフラワーデザイナー、空間デザイナーたちの目に留まるようになります。常に新しいものを探している専門家のアンテナに引っかかり始めたのです。花宇に通っていちばんいい品物に自分の名前が書いてある売約札をつけるのが、専門家たちの間ではステータスだったとあるお客さんから聞きました。

ほとんど裸一貫から始まった四代目花宇は、身を粉にして働いた父の努力により、驚異のV字回復を果たしました。華道家やフラワーデザイナー、空間デザイナーからの依頼が殺到。噂《うわさ》が噂を呼び、ついには全国各地から依頼を受けるようになったのです。

父との衝突

父にはずっと「日本一の枝切り職人になれ」と言われてきました。

枝を切る仕事は、花宇にとっていちばんの原点です。桜だけでも年間何千本という単位で出荷していますし、ひっきりなしのオーダーがあるので、枝切りをストップす

ると会社がパンクしてしまうくらい中核を担っている仕事でもあります。

老舗《しにせ》の花屋やベテランの華道家からも、「花宇さんとこは枝切りでは日本一なんやから、その息子のあんたはしっかりせなあかん」と励まされることも少なくありません。

そんな私に対して、父はひときわ厳しかった。

ほかの職人と同じような形の枝を切ってきても、私にだけは文句を言いました。

「なんやこの枝は。使いもんにならんやないか」

そういうことが一度や二度ではありません。私も「なんであかんねやろう?」と悩んだこともありましたが、そのままシュンとしてしまう性格でもないので、どうしても反発してしまうのです。

ある日父に活け花の仕事をふられました。

「あの先生はな、今回きっと細めの枝使うから」

父の指示を無視して、私が切ってきたのは太めの枝。

「細めって言うたやろ」

当然父は怒ります。しかし私は反発する。

「あの流派が太いの使うのを見たことがある」

いい枝、面白い枝というのは、もちろん知識としてどういう枝がいい枝か、という基礎を押さえたうえでの話ですが、最後は個人の好みが影響してくることがあります。私は最初から自分の感性に自信を持ってしまっていたので、それが父の好みと合わないときは真正面からぶつかるしかなかった。

ある日、切ってきた枝の仕分け作業をしていたら、背後から父に話しかけられました。

「おまえには足りないものがある」

なんやねん、いきなり。振り返ると、父はこう言いました。

「おまえには殺気が足りない」

今の時代、殺気が必要な職業がどこにあるでしょうか。

えらい世界に入ってしまったもんや――。

死と隣り合わせの職人修業

切って切って切りまくる

花宇の一年は花木《かぼく》の調達から始まります。全国の花木の産地を回り、さまざまな種類の花木を集めます。これらの枝はオーダーに応じて開花調整され全国に出荷されます。依頼があってから枝を集めたのでは間に合わないので、一月〜三月の三カ月間はひたすら集めまくり、出荷のピークを迎える春に備えるのです。

四月から八月にかけては畑仕事の時期。花宇には自社で管理する畑や山があります。そこには海外で見つけた珍しい植物や国内で見つけて栽培している植物などが多数植わっており、それらの世話をします。春から夏にかけては植物の成長が活発になるので、ここで世話を怠ると枯らしてしまったり、商品としては失格な不恰好《ぶかっこう》な育ち方を

してしまったりします。ひたすら雑草を刈り、肥料を撒《ま》き、剪定《せんてい》をする。地味だけど、非常に重要な作業です。

秋は春夏と仕込んできた植物の出荷で大忙し。九月〜十月は最盛期でひたすら植物を出荷し続けます。十一月は一瞬オフシーズンになるものの、十二月はお正月用の花材集めと出荷。そして一月からは花木の枝切りが始まる。

これが花宇の基本的な年間サイクルです。これらの間をぬって海外でのプラントハンティングや新規プロジェクトをこなしていきます。

一月に入社した私は、花木の枝切りに同行することから修業生活をスタートさせました。もちろん誰かが懇切丁寧に教えてくれるわけではありません。ほかの職人たちがやっているのを見よう見まねでやってみる。わけもわからず夢中で枝を切る毎日でした。

枝切りは常に死の危険と隣り合わせです。よい枝が低い位置にあるとは限りません。高さ三メートルの位置にあるときもあれば、一〇メートルの位置にあるときもあります。そこによい枝があるとわかれば、どれだけ危険だろうと命綱なしで登り、確実に

切り落とす。

経験豊富な職人は、木をぱっと見ただけでどこに切りごろの枝があるかを見抜きます。そしてどう登ればその枝を安全で楽な体勢で切れるのか、一瞬で段取りをイメージして、その直後には枝を切り落としている。脳と体を同時に働かせながらテンポよく切れなければ枝切り職人とはいえません。

私も彼らの真似《まね》をして木に登り枝を切りました。桜と梅の違いすらわからないほど植物の知識は皆無でしたが、それでも自分の目に留まった枝をとにかく切る。先輩職人にその枝を渡すと、無言で受け取りほかの枝と一緒に縄で結わえてトラックに積み込みます。なんのアドバイスももらえません。

そして次の現場に行き、同じように枝を切る。毎日毎日、同じことを繰り返しました。

一流の職人気質《かたぎ》

花宇は全国に職人のネットワークを持っていて、種類によっては外の職人に枝切り

をお願いすることもあります。こうした仕事にも私はついていきました。現地で職人と合流し、一緒に枝を切ってはまた違う場所へ。日本中の野山を駆け回りました。

和歌山県で桜を切っていたときのことです。

昼飯を買うため、みんなで車に分乗し山を下りてコンビニに向かいました。いちばん下っ端の私は当然運転係です。コンビニに到着すると、駐車場の空《あ》いているところを見つけて車をとめました。さあ昼飯だ。腹ペコだった私は一目散にお店に向かおうとしましたが、半歩踏み出したかどうかというところで先輩の職人に呼び止められました。

「清順！」

なぜその職人が鬼のような形相《ぎょうそう》で怒っているのか理由がわかりません。とめるときに車をぶつけたわけではないし、とろとろ走って時間をロスしたわけでもない。自分に落ち度があるとは思えませんでした。しかし呼ばれたからには返事をしなければならないので、振り返りました。

「はい」

「切り返しが一回多い！」

「はい……？」

「おまえな、ここにバックで入れるとき何回切り返した？」

「二回……」

「アホ、三回や！　隣がギリギリなわけでもないのになんで三回も切り返しとんねん」

「すんません」

「最後に微調整でもう一回切り返しよったやろ？　あれ余計や。二回でビシッと決めんかい、イライラする」

そう言うと、職人はコンビニへと足早に向かっていきました。

たった一回の切り返しでも、無駄なものは無駄。それが職人の世界です。効率、スピード、質。すべてを兼ね備えていないと一流の職人とはいえません。一本の木を見たら、すぐに使える枝を判断し効率のよい登り方を考え迷いなく枝を切る。こうした仕事ができてこそ一人前なのです。そして一流の職人は例外なく短気です。非効率的で時間のかかることを極端に嫌うからです。その人も典型的な職人気質だったので、私の無駄な切り返しが気に入らなかったのでしょう。

こうして私は職人の世界にどっぷりと浸《つ》かっていきました。

体で覚える植物の知識

落ちたら死ぬかもしれない。そんな緊張感のなかで必死になって木にしがみつきながら枝を切っていると、植物に関する知識が自然に身についてきます。

たとえば桜の幹は、若いうちは茶色ですが年を追うごとにだんだん黒くなって、最後は白くなる。それを実際に枝を切りながら体で覚えていくのです。体に刻み込んだ知識は、職人にとって一生の武器。だから修業を始めてから最初の三年間は、ただひたすら枝を切りまくりました。桜だけではありません。松、梅、桃などあらゆる枝を切りに日本全国各地の野山を回りました。

不思議なことに、初めから木登りやはさみ、ノコギリの扱いは得意でした。自然と枝を切りやすい体勢を整えていたり、目をつけた枝をノコギリで切るスピードも不思議と速かったのです。野球部時代に身に付けた体力にも自信がありました。あとは植物に関する知識やよい枝を見抜く審美眼だけ。そう思っていた私は、修業を重ねてさ

まざまな知識を身に付けていくうちに自分の枝切りの技術に、自信を持つようになりました。

そんな自信が態度に表れていたのかもしれません。

修業を始めて一年たらずの若造がなにを生意気に。一緒に仕事をする職人のなかにはそういう思いをぶつけてくる人もいました。職人歴一〇年、なかには二〇年以上のベテランもいたので、当然といえば当然かもしれません。そのうえ私は花宇の跡取り息子です。やっかみ半分でよくいびられました。

「清順はまだなんにもわかってない」

仕事に対して文句を言われるのはまだいいほうです。

「親の七光りのくせに」

「おまえは金に苦労したことないから」

と私の生い立ちにまで口を出してくる職人もいました。

こうした職人たちのやっかみ、修業の肉体的なつらさに加え、父との溝が深まり続けたことが、私を追い込んでいきました。

頭の中の八割が、父への思いで占められていたこともありました。寝ても覚めても、風呂《ふろ》に入っても便所に行っても、植物に集中しなければいけない仕事のときでさえずっと父のことを考えている。

おそらく父も、そうだったと思います。こいつ、なんで言うこと聞きよらへんねん。こっちはなんとか息子をものにしようと思ってやってるのに。

仕事だけでなく私生活にも影響を及ぼしました。食事中は完全に無言。家族の団らんや普通の親子の世間話がまるっきりない時期が数年間も続きました。

親子なのにこんなにもわかり合えないものか。

逆に親子だから、近すぎるからこそ反発し合ってしまうものなのか。

もう職人なんてやめてしまおうか。

限界を迎えた私は、修業を始めて二年目のある日、唐突に家出しました。

その日にあった仕事をすべて放《ほ》っぽりだして。

花宇からの逃走

坂本龍馬像の下で号泣

どこでもいいから、とりあえず花宇じゃないところに行きたい。

どうしようかさんざん思案して、ふと思いついたのがオーストラリアの語学学校で出会った友達、タケさんでした。私より三つ年上の兄貴分で、なんでも相談にのってくれる懐《ふところ》の深い人でした。

タケさんに会いたい。

私は高知に車で向かいました。

朝方に兵庫県を出て、暗くなるころには高知県の桂浜《かつらはま》に着きました。タケさんを訪ねる前に、桂浜で坂本龍馬像を見たかったのです。

尊敬する龍馬を目の前にして、なぜだか溜《た》まっていた感情が一気に噴き出してきました。しばらく龍馬像の下で泣きました。

桂浜を出たのが夜で、タケさんの家に着いたのはもう夜中。我ながら迷惑な話です。せっかく久々に会うのに手ぶらで行くのも失礼なので、ビールとアイスとメキシコの植物を持っていきました。ビールはタケさんに、アイスは自分用、植物は会社から拝借したもの。タケさんにあげようと持ってきたお土産でした。

急にやってきた私を、タケさんは嫌がりもせずに迎えてくれました。愚痴や修業のつらさなど一方的にまくしたてる私を、精いっぱいの優しさで受けとめてくれました。

日本一の花屋になる

ひとしきり自分の中に溜まった鬱憤《うっぷん》をはき出して気がすんだ私は、次の日の朝、タケさんの家を後にしました。そうして花宇に戻る途中、たまたま目に入った看板に「日本一の大杉」と書かれていることに気づきました。後で知ったのですが、そこは高知県長岡郡大豊町《おおとよちょう》にある八坂《やさか》神社で、国の天然記念物に指定されている推定樹齢

三〇〇〇年の杉の大木が祀《まつ》られていたのでした。

「日本一って面白そうやな」

そう思って行ってみたら、とてつもなく大きな杉が二本、そこにはありました。

両方とも周囲が約二〇メートル、高さは約六〇メートルはあったでしょうか。

根元に立てられた説明の看板を見ると、無名のころの美空ひばりが、「日本一の歌手になれますように」と願掛けをした木だそうです。

私もその木の根元にひざまずきお願いをすることにしました。

「日本一の花屋になれますように」

仕事が嫌になって飛び出してきたというのに、ごく自然に出てきたのがこのお願いでした。「自分は花屋である」という意識は消えようもないものとして私の奥底に刻み込まれているのだと、そのとき思い知らされました。

俺には花屋しかない。生まれ持っての花屋なんだ。

自分の中に、花宇の遺伝子が組み込まれていることを感じた瞬間でした。

父をうならせた御車返《みぐるまがえ》し

極上の古ね木《ひぎ》

さんざん父とは衝突を繰り返してきましたが、人生で一度だけほめられたことがあります。

二三歳のころ。修業中の私は、見習い職人と岐阜県のある村を訪れました。寒さの厳しい一月、ぶるぶる震えながら村中を回って桜の枝を切り集めました。

その枝を見つけたのは、ある古民家の庭でした。樹齢一〇〇年に迫ろうという立派な「御車返《みぐるまがえ》し」。二〇〇種類以上ある桜のなかでも、私がもっとも好きなものです。一重と八重の混ざった大ぶりの花びらには迫力があって、「本桜」という呼び名にふさわしい貫禄《かんろく》があります。

遠目に見てもそれが見事な枝であることがわかりました。表面が苔《こけ》むして、しまりがいい極上の古ね木《ひぎ》でした。しまりとは、枝そのものがぎゅっと凝縮している様子をいいます。先端はこまかく枝分かれしていて年齢を重ねた枝特有の枯れた味わいがありました。

枝を切るときにまず考えるのは、その枝が閉じられた空間でも映えるかどうかということです。華道家が壺《つぼ》や水盤に活けたときにきちんと存在感を主張できるかどうか。切り取った枝そのものが味わいを出せるかどうか。それが重要です。

「こいつは最高の品物や」

私は古民家の住人に許可をもらい、その御車返しに登りました。間近に見ると、枝の先までびっしり花がついていることがわかりました。もちろんその時点ではまだ花は咲いていません。しかし修業を積んだものだけに見える小さな花の兆《きざ》しが無数についているのが見えたのです。

これは枯れかけの木にたまに起こる現象で、自分がもう死ぬというその前年、木は最後の気力をふりしぼってたくさんの花を咲かせることがあります。花が咲くと実ができる。実ができると種ができる。死ぬまでに少しでも多くの子孫を残そうという本

能の表れなのです。花を咲かせる以外にも、幹の根元に新芽を出したり、枝の途中から新しい枝を生やしたりして、必死に生き残ろうとする兆しが死にかけの木には見られます。

その本桜は、見れば見るほど、苔といい枝ぶりといい花付きといい、どれも完璧《かんぺき》。銀色に苔むした枝に先端までびっしりと大きな八重の花が咲く。その美しいイメージがすぐに想像できるほどの一級品でした。

私は慎重に枝ぶりを見極め、三本の枝を切りました。

会社に帰り、集めた枝をみんなで荷造りしていると、少し離れたところで父が私の切った御車返しを手に持ちながら、見習いの職人と話をしているのが見えました。荷積みをしながら聞くとはなしに聞いていると、父は私の枝をほめていたのです。

「ええか、この枝をよく見ておけ」

「はい」

「今後おまえがな、一〇年、二〇年、三〇年と枝を切り続けても、なかなかここまでの一級品にはお目にかかれんぞ。これは本当にすごい」

ほれぼれと枝を見ている父を見て、私は胸が熱くなりました。息子である私にはと

ことん厳しく接してきた父。それまでほめてもらったことなど一度もありません。そんな父が、私の切った枝に最大級の賛辞を贈っているのです。初めて仕事を認めてもらえたような気がして、あまりのうれしさにしばらく父の姿を見続けてしまいました。

あれから七年間、毎年数千本の桜の枝を切っていますが、父の言葉のとおり、あれほどの一級品にはまだ出会えずにいます。もしかしたら、本当に三〇年に一本の枝だったのかもしれません。

もしあの木を発見するのがあと一年遅かったら枯れていたかもしれない。生命の最後の輝きを最上の状態で切り取れたからこそ、あそこまで父をうならせることができたのでしょう。私の枝切り人生のなかでも会心の仕事でした。

一流の職人とは

今では、明治時代から続く家業の看板を守るため二人で協力態勢を築けるようになりましたが、それでもときには父と衝突することがあります。父が仕入れた植物に対して「こんなんじゃ、今の時代とは違うのに」と思ったり、育て方に関しても、「俺

はもっといいやり方を知ってる」と思ったり。どつきあいのケンカをすることこそなくなりましたが、お互い自分の感性に誇りを持って仕事をしているだけに、このギャップは一生なくならないのかもしれません。

しかし、いちばん尊敬している職人は誰か、と問われれば私は迷うことなく父を挙げます。そしていちばん目標にしている職人も父なのです。

昔父に言われた言葉で印象に残っているものがあります。

「俺はな、小便してても時間が無駄やって思ってるから、小便しながら、便器の水を流しながら、次の仕事の段取りを考えてるんや」

花を扱うということは、命を扱うということ。一秒でも早く切って荷造りして発送しなければ、最良の状態でお客さんに届けることができなくなるかもしれない。

そこをもっとも大事にしているからこそ、常に仕事の効率を考えているのです。

歩く早さも尋常ではありません。会社の温室から温室へ、事務所から車へ、車を降りてから現場へ。誰よりも早く歩きます。私も早いほうですが、父には負ける。会社の職人を「おまえ歩くの遅いねん」と叱《しか》り飛ばしてるのを見たときは、心底かっこいいと思った。

これぞ一流の職人だと。

また、植物の知識ではまだまだかないません。多肉植物や山野草や盆栽などすべてのジャンルを総合したとき、知っている植物の種類ではワールドクラスだと思います。

二二歳のとき、私はボルネオの植木屋で変わった南天を発見しました。

南天は中国原産の常緑低木。「難を転ずる」とも読めることから縁起のよい植物とされ、古くより玄関や鬼門に飾られてきました。また病気や害虫に強く育てやすいことから庭木としても人気があります。

ボルネオで見つけた南天らしきものは、葉がなんと黒いのです。その黒光りする葉が放つ艶《つや》やかな妖《あや》しさに魅了された私は、植木屋に頼み込んで数鉢分けてもらい日本に持ち帰りました。これは世紀の大発見や。新種に違いない。絶対に活け花で受ける。

帰国して父に見せるとあっけない答えが返ってきました。

「そんなんどこにでもあるやん」

黒い南天はリーア・コッキネアという観葉植物でした。このように、私が新種だと思って持って帰ってきた植物を見て、「それはたぶんあの国が原産のあの品種やな」と指摘されてしまったことは一度や二度ではありません。

これからもときにはぶつかりながら、それでもいつか越えてやろうと、もがき続けるのだと思います。

第五章　死の花

死にかけたカラマツ

伝説の枝を求めて富士山へ

修業時代のことです。

どれだけ懸命に仕事をしても「親の七光り」とほかの職人からやっかみ半分でいびられ続けた私は、なんとかして彼らを見返そうとある計画を立てました。

職人を黙らせるには、いい仕事をするのがいちばんです。私は誰もが驚くような究極の枝を求めて、富士山に向かいました。そこで人生最大の失敗を犯すのです。

私が求めていたのはカラマツ。冬になると落葉する日本固有の針葉樹で、落葉松などの呼び名でも知られています。

富士山のカラマツは別格とされています。下は標高八〇〇メートルから、上は標高

二八〇〇メートルまで生えていますが、高さによって枝の形状が変わるのです。一四〇〇から一七〇〇メートルの間はまっすぐ上に伸びますが、そこから二五〇〇メートル付近になると、一年中西風が吹くため東側しか枝を伸ばすことができません。さらにその上の二六〇〇メートル以上ともなると、風が強すぎて地面を這《は》うように枝を伸ばすのです。

こうした環境に置かれたカラマツは低く、硬い木になります。そして風に耐えられるように、幹が太くなっていく。その木がそこで必死に生きようとする、自然の摂理です。同じ木でも低地では一年に五〇センチ伸びるところが、五センチも伸びないこともあります。

過酷な環境下で太く短くうねったカラマツは、盆栽のような味わい深い樹形になる。私の狙《ねら》いは極限までうねったカラマツでした。

仲間の職人と一緒に五合目まで車で行き、二人で登り始めました。

冬の閉山した富士山はとにかく厳しい環境でした。雪が三メートルも四メートルも積もっていて、それをかき分けるだけで体力が消耗します。さらに、立っているのが

困難なほどの突風が吹き荒れる。「あ！　雲が近づいてきた」と思ったら一瞬で視界が真っ白い暗闇《くらやみ》になる。もう一人の仲間とは一〇メートルしか離れていないはずなのにいっさい声が届かない。不安や怯《おび》えのなか、「絶対すごい木を見つけたる」という気持ちだけで、目的地に向かいました。

中腹を越えると、雪がなくなりました。おそらく二六〇〇メートル地点。そこで、私はとうとう「究極の枝」を見つけました。

それはまるで阿修羅《あしゅら》像のような形をしていました。天に向かって竜のようにひん曲がっていたり、地に向かって垂れ下がっていたり、地上では決してお目にかかれない異常な樹形でした。

「出た！　すごい！」

と思った瞬間には、その木にノコギリを入れていました。周りに似たような木はありましたが、その木だけが特別に神々しい形をしていました。

無我夢中で切りました。

自分のはぁはぁという息の音だけが響いています。

究極の場所で、究極の形の木を切っていると、自分の頭がおかしくなったのかと思

うくらいの興奮を感じました。酸素が薄かった影響もあったかもしれません。

枝を切り終えた私たちは荷造りをして急いで下山しました。この時点で午後一時くらい。夕方までには車を止めたところまで戻れる予定でしたが、なんせ荷物が重い。おそらく七、八〇キロはあったでしょう。不慣れな冬山でそれだけの枝を担いで下りるのですから、予定よりも時間がかかるかもしれない。日が落ちてしまったら最後です。山中で夜を明かすだけの装備は持ってきていません。それどころか地図もコンパスも持ってきていなかったのです。明るいうちに下山しなければ。私たちは疲れ切った体にむち打って、転げ落ちるように山を下りていきました。

底知れぬ恐怖

一時間ほど歩いたころだったでしょうか。

「あれ？」

気づいたときには知らない場所にいました。仲間の職人も、周りをきょろきょろ見回している。心臓が高鳴ります。こんな過酷な状況で遭難したら死ぬ。ガタガタ震え

ていたのに寒さのせいばかりではなかったと思います。遭難、という二文字が頭の中をちらつきはじめ、あまりの恐怖に歯の根が合いませんでした。わき上がる絶望感を認めた時点で気力が絶える。そう思った私は、ただ黙々と歩き続けました。

それからやみくもに三〇分ほど歩いたところで、ついに自分たちが完全に道に迷っていることを悟りました。その瞬間、足から力が抜け、疲労が全身に襲いかかってきました。

足は凍傷にかかり感覚がありません。防寒対策はばっちりのはずでしたが、それでも十分ではなかったようです。冬の富士山をなめていました。

体力は限界を迎えようとしていました。次第に休憩時間が長くなり、真夜中になるころには二分歩いたらもう休憩、という具合にほとんど前に進めない状態になっていました。

仲間は、そのころになると休憩に入った瞬間にイビキをかいて寝始める始末。

「おい！　起きろ！」

と叩《たた》き起こすと「あ、寝てしまった」。それがとにかく怖かった。寝たという意識すらないまま眠りに落ちていたということは、かなり危険な状態です。

周囲は真っ暗でした。しかし懐中電灯をつけることはできません。富士山の植物を勝手に持ち帰るのは自然公園法で禁止されています。見つかれば罰せられる。暗闇を歩き続けることしか私たちにはできないのです。仲間は「朝まで待とう」と主張しますが、そんなことをしたら確実に死を待つばかり。仲間の荷物も半分引き受け、一〇〇キロを超える枝を担ぎながら雪の中をひたすら歩き続けました。体力はとっくに限界を超えていましたが、枝を捨てるという選択肢はありませんでした。

それからしばらくたったとき、急に目の前から道がパッと消えました。これまで歩いてきた平地から、すぐ向こうが崖《がけ》のように崩れていました。

「危ない！」

あと一歩で転げ落ちるところでした。

そのとき私は、いつのまにか車をとめた沢の付近までたどり着いていたことに気づきました。絶望感が一気に消え去り、急に足元から気力がみなぎってきました。

「ここ……俺、わかる！　帰れるぞ！」

二人で沢を滑るように下りて、ついに車を見つけました。太陽が昇りかけていました。

二人で無言で抱き合いながら、ボロボロと泣きました。

そして逮捕

車に枝を積み込み、富士山の裾野《すその》まで下りました。助かったという安心感から警戒心が薄れていたのでしょう。林道から脇《わき》に入って車をとめ、切ってきた枝をあらためて検分しているところを、通りかかったパトカーに見つかってご用となりました。もちろん悪いことをしているという意識はありました。しかし、警察に捕まるほどのことだとは思っていなかった。パトカーに乗せられたときはただただ茫然自失《ぼうぜんじしつ》。ショックすぎて言葉も出てこない。

警察署に連れていかれて、三日三晩取り調べを受け、指紋を取られ、ようやく自分のやったことの重大さに気づきました。そして自分への怒りがふつふつとわいてきた。なんてバカなことをしたんだろう。

純粋に「究極の枝を切りたい」と思ってやったことですが、その純粋な気持ちがいきすぎて、警察のご厄介にまでなってしまった。どれだけほしい植物があっても、そ

れを手に入れるためには守らなければならないルールがある。そのことが体に叩き込まれた出来事でした。

今となっては、修業時代にこういう大失敗をしておいてよかったと思っています。もし、ここで立ち止まることができなかったら、植物への愛が暴走しすぎてさらに大きな罪を犯していたかもしれません。この経験があったからこそ、ルールを守って安全に植物を手に入れるのがプロのプラントハンターである、と自分に言い聞かせる癖ができたのです。

究極のカラマツは警察に没収されました。その後の調べで、私が切った阿修羅のカラマツは樹齢一〇〇年にも達する大変貴重な木であることがわかったそうです。

虫の恐怖

ボルネオの蟻《あり》

プラントハンターと虫は切っても切れない仲です。

森、林、竹やぶやジャングルなど植物を追い求めて分け入っていくと、そこは虫の宝庫。彼らの住処《すみか》に勝手に侵入するわけですから、怒りを買うのも当然です。ハチに刺されるのなんて日常茶飯事。そのほかアブ、ブユ、ムカデなど、さまざまな虫に刺されてきました。

そんな虫との付き合いのなかでも、死の危険を感じたものとして忘れがたいのがボルネオでの経験です。

二〇〇五年、ボルネオに行ったときのことです。二度目の訪問である程度勝手がわ

かっていた私は、友人と一緒にガイドをつけず森の中へ入っていきました。目的があったわけではありませんが、なにか面白い植物があれば切って持ち帰るつもりでした。五分ほど歩いたところで、これまでに見たこともないヤシの木を発見。高さは五メートルほど。面白い形をした実がてっぺんからぶら下がっています。やった、種を採集できる！　私はそのヤシに登り腰に下げたのこぎりを取り出し、実を切り落としました。

そのとき、大量の黒い粉が全身に降りかかってきました。気持ち悪くて、右腕で木をつかみながら粉を振り払い急いで木を降りました。髪の毛にも爪《つめ》を立てて黒い粉を落とします。手を見てみると、小さい粒々が動き回っている。蟻《あり》でした。日本の蟻よりもふた回りくらい小さくて、よく見ないと蟻と気づかないくらいの小ささでした。

「うわっ気持ちわるっ」

服についた蟻も全部払って、「ヤバかったなー」と笑っていたら突然全身が燃えるように熱くなってきて、次の瞬間には膝《ひざ》から崩れ落ちていました。もう立っていられない。それくらいの激しい痛みとかゆみが襲ってきたのです。

あかん、これはヤバイ。

熱で朦朧《もうろう》とする意識の中で、ぼんやりと思いました。近くの村までは歩いて五分の距離です。友人に支えてもらいながら、命からがらそこまでたどり着きました。事情を説明する友人の声を上のほうに聞きながら、私はその場に倒れ込みました。

村人が三人周りに集まってきて私のTシャツを脱がしました。現地の言葉でなにやら話しています。それにしても、あまりにも痛かゆい。蜂に刺されるよりも三倍は痛く、蚊に刺されるよりも一〇倍はかゆい。見ると上半身が赤く腫《は》れ上がっていました。

村の人たちはかわるがわるバケツに水を汲《く》んでは、上半身にかけてくれます。水で冷やされると少しだけ痛かゆさが軽減しました。ああ、お願いだからずっと水かけてくれ。

地面に寝転がりながら、「このまま俺は死んでいくのかな」と本気で思いました。このとき私はまだ修業中の身。花宇の五代目として名を残すことなく、蟻にかまれてここで死ぬんや。蟻っちゅーのがちょっとかっこ悪いな。せめて蛇だったらかっこつくのにな。

三時間ほど水をかけ続けてもらい、ようやく痛かゆさが引いてきました。

村人に礼を言い、車でホテルに戻りました。体はまだ熱を持っていて、なんにもす

る気が起きない。翌日も体は真っ赤なままでけだるさが残っています。

結局腫れが引いたのはその二日後のことでした。

血まみれの車内

スリランカのジャングルにドラセナの原種を探しに行ったときは、人が見たら「大丈夫か？」と心配されるような目に遭《あ》いました。

ドラセナは観葉植物として大変人気があります。「コンシンネ」「ソング・オブ・ジャマイカ」「サンデリアーナ」などさまざまな種類が流通していて、オフィスや飲食店でもインテリアとしてよく飾られているので、ご存知のかたも多いでしょう。

そのころ観葉植物にはまっていた私は、部屋に飾ったときに、さりげない自然な雰囲気を出せる木を探していました。ドラセナの原種は、深緑色の葉が素朴な味わいがあって求めているものにぴったり。そこで私は、原種がスリランカのジャングルにあるということを突き止め、現地に飛んだのでした。

コロンボから車で数時間。とある植物園に着いた私は、現地の植物学者、シャン

タ・ペレラと落ち合い、そこから車で程なくのところにあるジャングルに向かいました。

車道からジャングルに分け入り、シャンタの案内で原種が生えているという土手に向かいました。そのとき私はジーンズにスニーカー、上はタンクトップ二枚といういでたち。ジャングルで仕事をするには軽装ですが、歩いてすぐと言ったのでじゃあそのままの格好でいいか、と着替えなかったのです。いま思えば、認識が甘すぎました。

歩いて五分くらいのところに、目当てのドラセナの原種は生えていました。土手のような斜面に群生するドラセナを見て大興奮。思ったとおり、自然でかざらない色合いと形が室内観賞木にぴったりです。その斜面は多少ぬかるんでいましたが、ズブズブと泥に足がとられるほどでもありません。滑らないように気をつけながら、夢中で何本かを切りました。

ハンティングの結果に満足した私は、

「そろそろ行きますよ」

と別の場所で植物を観察していたシャンタに声をかけて斜面を登りました。するとすねのあたりから液体がつーっと垂れる感触がする。なんだろう。ふと足元に目をや

るとジーンズのすそが真っ赤に染まっていました。めくってみるとなぜかすねから血が出ています。なんか刺さったかな。でもどこも痛くないしな。

枝が刺さったり葉で皮膚が切れて血が出ることは珍しくありません。私はとくに気に留めず、車に戻りました。

植物園への道中、ふと「そういえば血、止まったかな」と思い足元を見てみると、信じられない量の大出血。床に血だまりができていて、まるで殺人現場のようです。

「うわっ」

思わず声が出ました。

ぜんぜん痛くないのになぜこんなに血が出るのかわかりません。

「どうした？」

車を路肩にとめたシャンタが後部座席の私を振り返って言いました。

「なんか知らんけど、血が止まらん」

足元の血だまりを見てシャンタはニヤリと笑いました。

「ズボンを脱いでみな」

急いで言われたとおりにすると、すねとふくらはぎにヌラヌラと黒光りする親指く

らいのひらべったい物体がくっついていて、そこからドクドクと血が流れ落ちていました。

「ヒルだよ。あのあたりは多いんだ」

早く言ってよ。

私はヒルをむしりとって車の窓から投げ捨てました。痛くないから別にいいけど、それにしてもひどい格好だな、とあらためて自分の姿を眺めて思いました。手を拭《ふ》いたため白いタンクトップには横なぐりの血の跡がついています。そのうえ足元には血だまりができていて、すねは血まみれ。

「警察に見られたら連行されるかもしれんなあ」

シャンタと二人、笑いながら植物園へと戻りました。

黒い蚊の壁

遭遇率がいちばん高い蚊といえども侮《あなど》ることはできません。

高校三年生の夏休み、アルバイトでちょっとだけ花宇で働いたときに遭遇した蚊の

大群はまるで黒いカーテンのようでした。

夕暮れどき、私はせっちゃんというベテランの職人と二人で会社から車で一五分のところにある竹やぶに向かいました。竹を一〇本切ってくるというのがそのときの仕事でした。

車を降りて竹やぶに入ります。その瞬間、「ボワーン」という低い地響きのような音が聞こえてきました。気づいたときには四方を黒い壁に囲まれていました。

蚊だ。

視界は真っ黒。払っても払っても体にまとわりついてきます。

こんだけ蚊に刺されたら血がなくなって死ぬんちゃうか。

「せっちゃ――」

助けを呼ぼうと口をあけると中に大量の蚊が侵入してきました。必死に吐き出しながらせっちゃんのほうを見ると、蚊に囲まれた黒い塊がのこぎりを振り回しています。

この状況でまだ切るか。あっぱれ職人根性、と言いたいところですがそれどころではありません。せっちゃんがああいう状況ということは、自分もそれだけの蚊に囲まれているということです。恐怖が倍増しました。

竹を一〇本切るまでは帰れません。

目玉を刺されないよう、目をつむりながら夢中で竹を切りました。そして五本の竹を担いで急いで車まで戻りました。地鳴りのような羽音から解放されたはずなのに、まだ耳の奥で鳴っているような気がします。

作業時間は五分くらいだったと思いますが、たったそれだけの時間のうちに全身あらゆるところが刺されて赤黒く腫れ上がっています。長袖《ながそで》のＴシャツを着ていたのにその上からも刺されていました。

私以上にせっちゃんがひどかった。顔面が腫れ上がって人相が変わってしまっていたのです。試合後のボクサーのような変形具合に、思わず私は笑ってしまいました。

「ひどい顔やな」

「うるさいわ。行くで」

むすっとしたままのせっちゃんは後部座席に竹を積み、車に乗り込みました。

虫刺されへの耐性には個人差があります。体質の問題なので、どれだけ優秀な職人だろうと弱い人は弱い。これぱっかりは修業で克服することはできません。

私は比較的虫刺されには強い体質で、あまり腫れません。このときも家に帰って薬

を塗ったら、翌日には赤みが引いていました。
せっちゃんはしばらくボクサー顔のまま仕事をしていました。

第六章

かけひきの花

八〇万個のソテツの種

前例のない依頼

オリーブやボトルツリーは、海外から日本へ輸入した話でしたが、今度は逆に、植物を日本から海外へ輸出したときの話です。

コスタリカにある植木会社から、日本のソテツの種を集めてほしい、という依頼がありました。第一章でも登場したソテツですが、日本に自生しているのはソテツ科ソテツ属のソテツという種です。学名は「Cycas revoluta」。日本のソテツは寒さに強くヨーロッパでは「造園にぴったり」と人気沸騰。そこに目をつけたのがコスタリカの植物卸会社でした。

コスタリカは世界最大の観葉植物の産地です。なかでも依頼を受けた会社は南米最

大の卸売業者。うちから買ったソテツの種を自社農場で育て、製品になったら世界最大の植物市場があるヨーロッパに供給するという計画のようでした。

話としては大変光栄です。なんせ相手は南米最大の植物卸業者。ということは、世界最大の卸業者といっても過言ではありません。そんな会社と定期的な取引ができれば、今後につながる太いパイプができることになります。ぜひとも受けたい仕事です。

しかし、その依頼の数が前代未聞でした。

なんと、八〇万個。

依頼メールの文面を見て「eight hundred thousand...」の文字を見つけたときはわが目を疑いました。種とはいえども、八〇万個という数の商品を一気に納品したことなどこれまで一度もありません。

しかし前例のない仕事をやるのが花宇の心意気であり、私のプラントハンターとしての気質でもあります。おもろいやないけ。

私はその仕事を引き受けることにしました。

手分けしてひたすら集める

私は奄美大島《あまみ》に飛びました。

奄美大島は日本でも有数のソテツの産地です。

ここには父が兄貴と慕う前田芳明さんがいます。前田さんは奄美大島でももっとも大きな植物卸売会社を営んでいる人で、ソテツのことを知り尽くしたプロです。まさに今回のプロジェクトの協力を仰ぐにはうってつけの人物でした。

私は八〇万個ものソテツの種のオーダーを受けたことを説明し、アドバイスを求めました。

「まあ気合入れてとるしかないわな」

単純明快です。とにかく集めるしかない。前田さんに地元の業者さんに声をかけてもらい、総勢二〇名のソテツ収集部隊を結成しました。

八〇万個もの種がそもそも奄美大島だけで採集できるの？

そう疑問に思う方もいるかもしれませんが、ご安心ください。奄美大島には膨大な

数のソテツが生えています。地元の人にとって、ソテツの種とりは産業のひとつとなっているのです。しかも一本の木からとれる種の数はおよそ三〇〇～五〇〇個。単純計算で一五〇〇～二〇〇〇本の木にしがみつき、葉の根元に鈴なりにできている種をひたすらむしれば採集作業は終了します。

作業自体は単純明快。しかし、やるとなると気の遠くなるような作業です。結局二〇人の職人が朝から晩まで集めて、三週間もかかりました。

集めた種は地元の人の倉庫に保管されました。

さあ数を数えていざ出荷……といかないのがつらいところ。今度は全部の種の殻をむかなければなりません。ソテツの種は大きさがゴルフボールくらいで、周りがクルミのような固い殻で覆われています。これがあると輸送中に腐ってしまうおそれがあるのです。

職人だけでは手が足りないので、その奥さんたちはもとより、周辺住民の皆さんにまで協力していただき、ようやく一週間かけて作業が終了しました。ある職人の奥さんは作業が終わったとき、もう二度とソテツなんか見たくない、とつぶやいたそうです。

その後むいた種を洗浄し一週間ほどかけて乾燥。そして一個一個数えて袋詰め。ようやくここまでたどり着いたところで、大問題が発生するのです。

誕生日に振り込み

植物を輸出する際には、さまざまな契約方法があります。たとえばソテツをスペインのガーデンショーに出品したときは、卸値の半額をまず払ってもらい、無事に現地に着いた時点で残りを払ってもらうという契約でした。

しかし今回は全額前払い。相手は世界最大の植物卸会社です。花宇のような小さな会社なんて、簡単に踏み倒されてしまう。

私は強気の姿勢で、先方の親方にこう告げていました。

「全額入金を確認せんことには、絶対に船に乗せへんぞ！」

ところが恐れていたことが現実のものになったのです。

積み込み期日が近づいてもお金が振り込まれない！

これにはまいりました。今回は奄美大島のたくさんの職人さんに協力してもらって

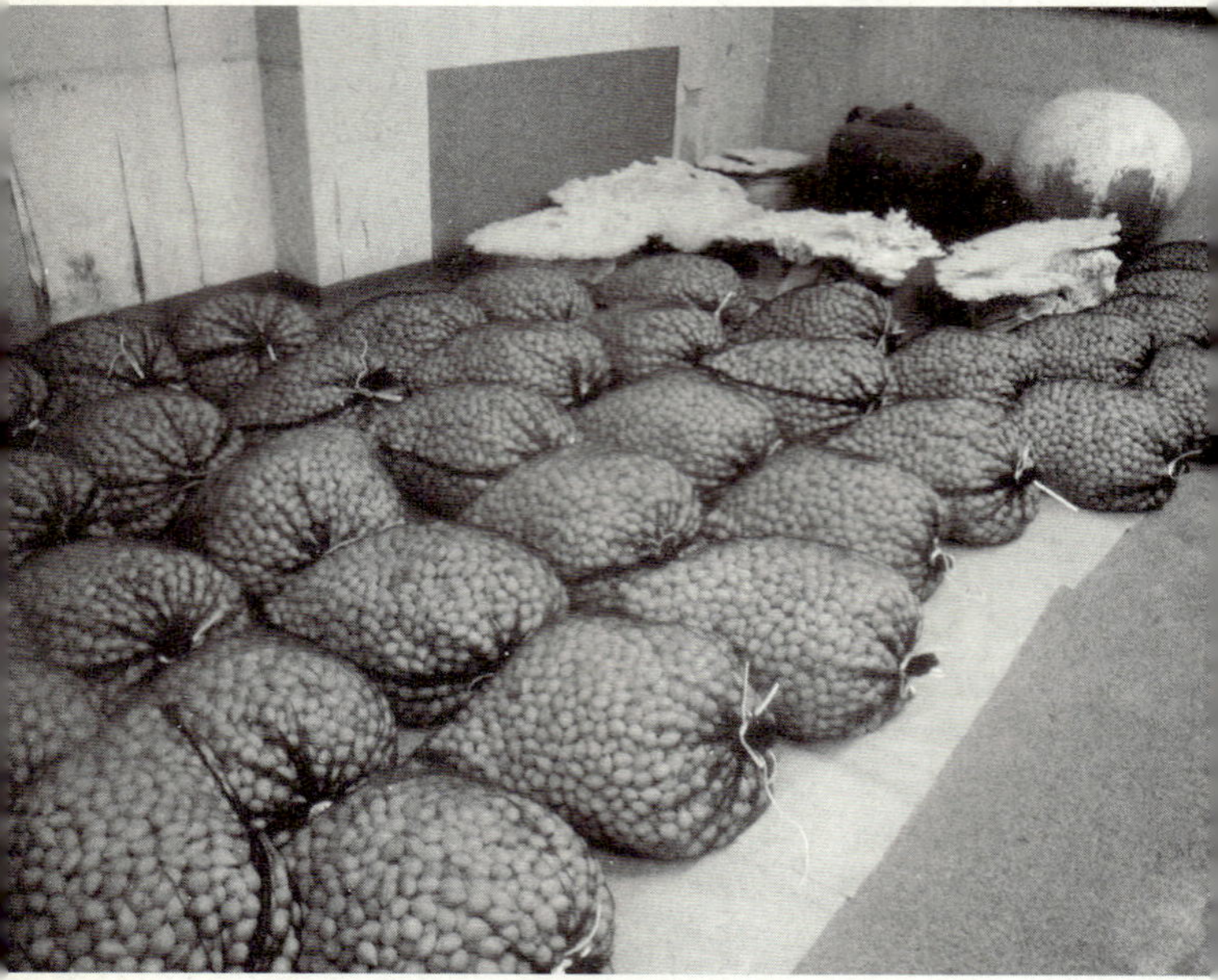

袋に詰めたソテツの種。輸出にあたり神戸にある経済産業省と農林水産省関連の施設を訪れ、確認事項と書類の作成方法をアドバイスしてもらった。

います。大変な苦労もかけたし、作業費や種の購入費や必要経費はすべて前払いしていました。

このお金が回収できないと大変なことになる――。

それなのに、種を探し始めてから準備が終了するまで、何度催促してもいっこうに振り込む気配がなかったのです。

「もう少し待ってくれ」

「いま準備しているところだ」

「あとは書類にサインをもらえば手続き完了だ」

もうこれ以上は待てないという限界が訪れたとき、私は意を決して電話をしました。

「俺、一週間後誕生日なんです。それまでになんとかしてもらえませんか？　こんな胃に穴が空くような思いで誕生日を迎えたくないんです」

その一週間後の十月二十九日、無事お金が全額振り込まれました。私の気迫が伝わったのでしょう。

海外の業者を相手に仕事をしていると、ときどきこうした金銭トラブルが起こりま

す。日本だと「商売は信用第一」が当然で、支払いが滞ることはほとんどありません。もちろん花宇も、納品期限は絶対に守ります。

ところが海外の業者はそうはいかない。すきあらば値切ってこようとするし、あらゆる期限にルーズだし、突然発注した仕事をキャンセルしてくることもあります。植物のさわやかなイメージの裏側には、このような業者間のかけひきがあるのです。そんな魑魅魍魎《ちみもうりょう》のうごめく世界の植物業者たちと対等に渡り合うことも、プラントハンターの仕事のひとつだと思っています。

新しい花ビジネス

新種育成者の権利を守る

新しい植物を仕入れると、ほかの業者に真似《まね》をされることがあります。

エアープランツはまさにその典型。父が自らの目利きで三〇年前にブラジルから持って帰ってきた植物ですが、いまやさまざまな生産者や業者が自分の農場で増やして、市場に流通させています。

もっと、発見した人の努力が実るような形になってもいいのではないか。

そういう思いから、いま花宇では新たな試みに挑戦しています。

第二章でオサメユキのことを書きました。

そのときに申請した「品種登録」には、学名として名前を登録するということのほかに、もうひとつ意味があります。それは、「植物育成者の権利を保護すること」。新品種は、父のように自分で発見するケースもあれば、何年もかけて既存の品種を改良し新しいものを作り出すケースもあります。血のにじむような努力のすえ生み出した新種が、人にコピーされて売り出されたら元も子もありません。花宇で買った植物を勝手に増やして売ることもできるのです。

　こうした事態を防ぐため、農林水産省にこの「新種登録」を出願し許諾された場合は、育成者権が発生し、独占的に生産、販売ができるようになるのです。植物の特許のようなものと思っていただければイメージしやすいでしょう。

　出願には「品種登録願」のほかに、「特性表」という書類を添付しなければなりません。これはその植物の特徴を細かくリストにしたもので、葉の向き、左右相称性、新葉の表面の色、葉脈の明・不明瞭《ふめいりょう》など多岐にわたる項目にチェックを入れていき、本当にそれが新種かどうかを判断する材料になります。

　花宇ではオサメユキのほかに、ソングオブ・サイアムという観葉植物を品種登録しています。サイアムは私が発見したもので、定番のドラセナ・リフレクサ〝ソング・

オブ・インディア〟のニューバージョンです。

通常のインディアは、細長い笹《ささ》のような形の緑の葉のふちに美しい黄色い斑《ふ》が入るのが特徴ですが、私が発見したサイアムはその黄色い斑が葉の中に入り込んでいます。現在生産者さんに預け、増殖されています。

こうして登録されたオサメユキとサイアムは花宇の植物です。つまり、ほかの業者が売ろうと思ったら、花宇と契約を結ばなければなりません。

もちろん私は、この素晴らしい植物たちをみんなに楽しんでほしいので、たくさんの業者が扱ってくれたらと思っています。すでに書いたように、オサメユキは二〇一一年の夏に市場に出荷されついに初競りにかけられます。

しかし、発見者も報われてしかるべき。このあたりはほかの業者とのかけひきです。広まってほしいけど発見者の権利も持っていたい。だからこそ品種登録したのです。

今こういうビジネスモデルが、日本に普及しつつあります。始まったばかりのスタイルなので、花宇も率先してやっていきたいと思っています。

そのひとつの方法として、園芸ラベル（枝にぶら下がっている商品説明のタグ）をこれまでにないものにしようと計画中です。

チランドシア・エーレルシアナの大株。エアープランツは
水が下がる心配がなく使い勝手がいいので、活け花やフ
ラワーデザインの素材として人気が高い。

従来の観葉植物の園芸ラベルは、表にその植物の写真があり裏に育て方が書いてあるのが一般的です。たとえばデザイナーさんたちとコラボレートしてロゴだけのラベルにしてもいいし、植物そのものの情報に付け加えて面白い情報やＵＲＬなどを載せたりして、その植物を買う人にいろんなメッセージを伝えたらどうか。

従来とはまったく違う切り口で、自社の観葉植物を広めていきたいと思っています。

第七章

縁を結ぶ花

その花を愛し、その根を想《おも》う

極寒の枝切り

私の祖父、卯之松が開花調整用の桜を探して、長野県の筑北村を訪れたときのことです。ある農家の男性と話をしてみたところ意気投合。

「これから苗を送るから、うちのために桜を育ててくれないか?」

とお願いをしました。筑北村は豪雪地帯で、目立った産業がない。しかし桜の栽培なら土地さえあれば可能です。彼岸桜《ひがんざくら》は、七年間育てれば枝が切れるほどに成長します。うまくいけば、花宇としては桜の安定供給が可能となり、農家の人にとってみれば冬の収入が確保できる。お互いが幸せになるこの提案を農家の男性は快諾しました。それから現在にいたるまで約四五年間、筑北村は花宇にとって大切な桜の供給源

になっています。

毎年一月、筑北村で行われる四泊五日の「枝切り合宿」は花宇の恒例行事です。一月の筑北村は氷点下一〇度にもなる極寒の地。そんなかで体がボロボロになるまで、桜の枝を切って切って切りまくります。とにかくつらい仕事ですが、みんなで温かい風呂《ふろ》に入っておなかいっぱいご飯を食べてバカ話をして寝るという毎日は、学生時代の合宿のようで楽しく、帰るころには結束が二倍も三倍も固まっています。花宇にとって大切な行事のひとつです。

なぜここまでして大量の桜の枝を集めるのかというと、開花調整した植物の依頼が一気にくるのは二月三月。そのときに手元に枝がなければ、注文に対応することができません。そのためあらかじめ受注量を予測しながら枝を蓄えておく必要があるのです。

毎年冬は、筑北村をはじめ全国を回り、さまざまな植物の枝を集めて注文に備えます。

「開花調整」という技術

ここで、花宇が誇る開花調整という技術について説明します。

冬に切り取った桜の枝は、たとえていうなら「棒」そのもの。芽も花も何もついていない状態です。そこからどうやって思ったとおりの時期に花を咲かせるのか。それはひとえに「温度調整」のなせる技です。

桜は冬を迎えると休眠します。次の春を待ちながら極限まで生命維持活動をセーブしてエネルギーを蓄える。年が明けてだんだん暖かくなるにつれて、「お、もうそろそろ春か」と花を咲かせるのです。開花調整はこの性質を利用します。

桜の枝を温室に入れ、暖かい環境を作ってあげると（この作業を「温度をかける」と呼んでいます）、「ちょっと早いけど、このぬくさやし、春やろな」と桜が誤解して花を咲かせようとするのです。

「暖めるだけで早く咲くなら、温室があったら誰でもできるんじゃ？」

と思う人がいるかもしれませんが、そうは簡単にいかないのが開花調整の難しいと

温室で開花調整される桜。温度は15〜25度になるよう、天井を開け閉めして調節する。

ころ。

だからこそ、そのノウハウを持った花宇に日本全国から依頼がくるのです。

たとえば開花調整中に使う水ひとつとっても細心の注意を払っています。開花時期をコントロールするということは、植物に無理をさせるということ。そこでなるべく負担を減らしてあげられるよう、井戸水をくみ上げるさいに特殊な装置を使用し粒子を細かくしています。これにより、温度をかけられた植物が運動を始めても無理なく水を吸い上げられるのです。

温度もただかければいいというものではありません。

二月二十五日に咲かせる予定の桜があったとします。それをどのタイミングで温室に入れたらいいのか、という時期を見極めるのが職人の目です。開花させる日から逆算して、七分咲きなら大体この日だろう、満開だったらもう少し早めに温室に入れよう、という調整をしなければなりません。また、二十五日に七分咲きで納品する予定が予想より咲きすぎてしまった場合は、その枝を冷蔵室に入れたり、温室から出して外気にふれさせたりします。

この微調整が肝であり、もっとも難しいところでもあります。

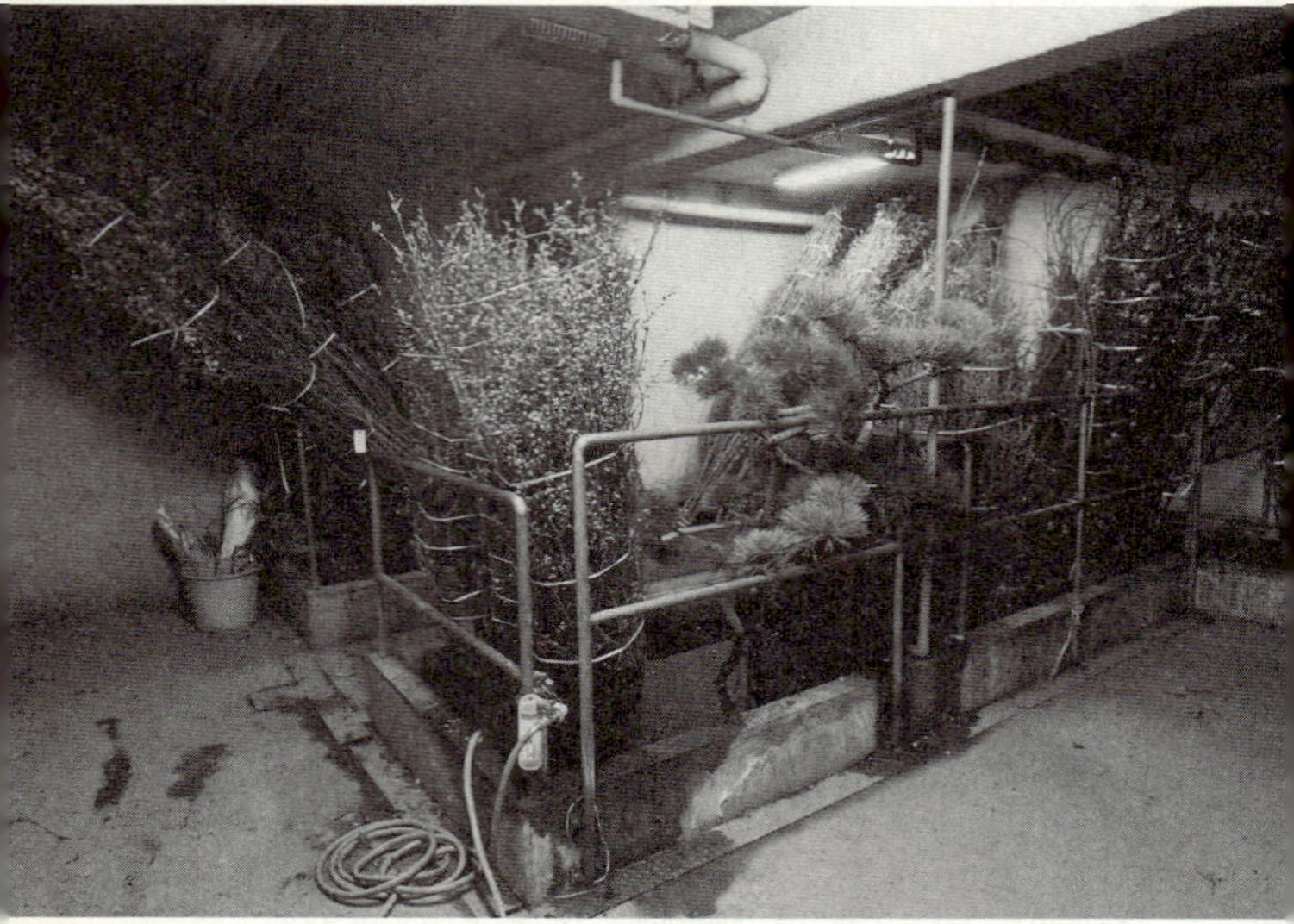

咲きすぎてしまったもの、注文待ちのストックの枝などを保管する冷蔵室。写真の場所が５度、右手にある小部屋は０度に設定されている。

花によって温度調整に対する耐性も違ってきます。梅、石楠花《しゃくなげ》、桜などは比較的強いグループ、藤や桃は比較的弱いグループに属します。

桜のなかでも温度差に強いもの、弱いものがあります。たとえば彼岸桜やしだれ桜、啓翁桜《けいおうざくら》は温度差に強く、温室と冷蔵室の出し入れを繰り返してもある程度なら持ちこたえられます。逆に温度差に弱い桜には、河津桜《かわづざくら》などがあります。温度差に強ければ強いほど、開花調整がしやすい桜ということです。

皆さんがよく知っているポピュラーな桜、染井吉野《そめいよしの》は、切り花としては使いづらい種類に属します。いちばんの理由は咲ききってしまうまでの期間が桜のなかでもかなり短いこと。なかなか咲かないのに、いったん咲くとすぐに散ってしまう。お花見するぶんには散り際の美しさを存分に楽しめるので最適ともいえますが、切り花にはあまりむいていません。そういう点で考えると、温度差に強くて花も長持ちする桜が切り花としてもっとも使われる種です。

こうした品種ごとの特徴も考えながら、三月ごろの彼岸桜なら納期の二週間前に温室に入れる、八重桜なら少なくとも一カ月前に入れないと間に合わない、というような判断をしていくのです。

村のリーダー、西澤さんの言葉

筑北村には、桜の状態を管理し、花宇の職人が合宿に行ったときに世話をしてくれる村のリーダーがいます。

西澤寿雄さん、御年八六歳。この人こそが、私の祖父と意気投合して、いちばん最初に村に桜を植えた方なのです。

先祖代々から続く商売だからこそ得られる縁です。

寿雄さんは、いろいろな農家に、

「桜を植えたら冬でも商売になるぞ」

と話して回り、村に桜を増やしてくれました。

今では、協力してくれる農家は大体二〇軒、桜の木は数千本です。

毎年訪れる私たちに寿雄さんはいつも的確なアドバイスをくれます。

「あっちの枝が切りごろだ」

「こっちの枝は来年かな」

「あそこの畑の枝も買ってやってくれ」

寿雄さんのおかげで、筑北村での枝切りがスムーズに回っています。

寿雄さんと初めて会ったのは一〇年前。ボルネオから帰ってきて、入社してから初めての仕事が、筑北村での枝切りでした。

最初は、私のことを卯之松の孫だとは思っていなかったと思います。私は当時、社長の息子であることを明かしたくなかったので、自分からはなにも言いませんでした。何年か通っているうちに、周りの職人の言動から私が花宇の五代目であることに気付いたのだと思います。あるときからよく、

「おじいちゃんにそっくりだな」

と言われるようになりました。寿雄さん自身も、私に祖父の姿を重ね合わせて、自分の若いころを思い出しているのかもしれません。卯之松の孫と仕事をしている。この不思議な縁を喜び、寿雄さん自身も私との仕事をうれしく思ってくれているような気がします。

そんな寿雄さんが教えてくれた、とても素敵な言葉があります。

ある年の三月、長野県での仕事の帰りに、筑北村を訪ねたことがありました。

寿雄さんは私の来訪を喜んでくれて、家で食事を御馳走《ごちそう》してくれることになりました。二人でこたつに入って奥さんが食事の用意をしてくれているのを待っていると、小さな短冊に書かれた寿雄さんの書が壁に飾られているのに気づきました。

そこには、こう書かれていました。

「その花を愛し、その根を想《おも》う」

美しいものの裏側には、必ずそれを支える裏方がいる。

そのことを忘れてはならない。

「寿雄さん、ええ言葉ですね、その短冊」

「ああ、これか。ちょっと書いてみただけだ」

照れくさそうにしている寿雄さんを見て、まさに寿雄さんこそ花宇にとって大切な根なんや、と気づきました。この村で毎年切っている桜も、寿雄さんが管理してくれているからこそ毎年きれいな花を咲かせるんだ。寿雄さんだけじゃない。村のみんなが、花宇の根となって俺たちを支えてくれているんや。

人に支えられてこそできるこの仕事。いつも根のことを思いやり、おごらず謙虚に

極寒の筑北村にて集めた枝の前で寿雄さん(右から２人目)と記念撮影。

筑北村の桜畑。凍てつくなか、汗をいっぱいかきながら
朝から晩までひたすら枝を切り出していく。

仕事をしなければならない。そんなことをその言葉は教えてくれたのでした。

寿雄さんからここ二、三年、

「そろそろこの桜の世話も若いもんに任せるか……」

と引退を匂《にお》わすような言葉を聞くようになってきました。さすがに寄る年波には勝てないのか。このまま引退してしまったら寂しくなるな、と考えながら、二〇一一年一月もまた、筑北村まで枝切りに行きました。

仕事の合間に寿雄さんと花宇の職人の正二さんが話しているのが見えました。なぜか二人はこちらを見て、にやっと笑っています。何やろう？

「清順、寿雄さんの話聞いてみ」

と正二さん。

二人のほうに歩いていくと、寿雄さんがこんな提案をしてくれました。

「彼岸桜よりも啓翁桜のほうが病気が少ないみたいだな。今年は、啓翁桜の苗を五〇本ばかり送ってくれないかね」

そろそろ引退するのかなと思っていた寿雄さんからの、現役続行宣言。

涙が出るほどうれしかった。

「私の身は滅んでも、桜だけは絶やしちゃなんねえだ」

その言葉を聞いて、私は確信しました。

寿雄さんは来年もきっと、この村で俺たちを迎えてくれる。

祖父との縁がきっかけで続いているこの筑北村での枝切りの仕事を、私はこれからも大切に守っていきたいと思っています。

幻の桜

百貨店の全フロアに桜を咲かす

二〇一一年三月に、新大阪から熊本、鹿児島中央まで運行する新しい新幹線「さくら」が開通しました。ニュースになっていたので、ご存知の方も多いと思います。

この新幹線開通のタイミングに合わせ、花宇も一大プロジェクトを敢行していました。それは、新幹線開通とほとんど同時にオープンする、JR博多駅に隣接した百貨店に開花調整した桜の枝を納品することでした。新幹線の名前に合わせて、全フロアに桜の花を咲かせてお客さんに楽しんでもらう、という計画です。

ただ単に桜を咲かせるだけでは面白くない。だから、

「九州の各県からハンティングしてきた桜を各階に設置して、私が咲かせます!」

博多阪急　オープニング装飾　エントランスホール

●エントランスホール

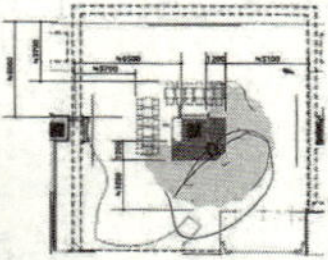

企画段階で配られたイメージパース。エントランスに大きな桜の木を飾る。

と、私からアイデアを提案しました。九州の人にしてみたら、地元の桜がそこで咲いていたらうれしいだろうし、九州以外から訪れた人にも、百貨店で一カ月早い花見ができたら楽しいはず。

そんなわけで、二〇一一年の年明けから九州全県を回って桜を探しました。そこで私は思いもよらぬ人の縁に支えられることになるのです。

熊本県では、阿蘇郡南阿蘇村《みなみあそむら》でたまたま出会った村の議員さんに助けられました。その村を日本一の桜の村にしようと二万本もの桜を植樹するプロジェクトに携わっている方で、快く桜を提供してくれたのです。しかもその村と花宇のある川西市が姉妹都市になろうと計画中であることを議員さんから教えてもらいびっくり。郷土愛の強い私は、その議員さんとのただならぬ縁を感じました。

宮崎県では、都城《みやこのじょうし》市の好意で「日本さくら名所100選」にも選ばれている母智《もち》丘《お》・関之尾県立自然公園の桜を切らせてもらいました。大分県では、花宇の花材を委託生産していただいている農家さんよりいろいろな桜を手配していただきました。

ひとつひとつの桜に忘れがたい物語がありました。なかでもとっておきの一本になったのが長崎県で切った「幻の桜」です。

御神木と向き合う

長崎県の大村市には、大村桜という桜があります。この遅咲きの桜、開花調整でありとあらゆる桜を扱う私も、まだ見たことがない幻の花なのです。なぜかというと、国の天然記念物指定を受けているから。県外に持ち出されたことは、今までありませんでした。

けれどこういう企画をやっている以上、どうしてもその枝がほしかった。なんとかならないかと地元の植木屋にコンタクトを取って聞いても、「そんなもん、売り買いできるもんじゃない！」と怒られるばかりでした。それでも調べを進めるうちに、大村神社というところに指定を受けた天然記念物の桜があって、その木から増やした子供の木が、市の管理している圃場《ほじょう》に植えられていることを知りました。子供の枝でいいから分けてほしい。そう思った私は、大村市役所を訪ねました。窓口の方に今回の企画趣旨を説明すると、

「そういうことは企画書を送ってやってください」

鹿児島県の桜島中学校。突然の訪問にもかかわらず話を聞いてくれ、校庭の八重桜を切らせていただいた。

九州全県を旅して、桜を探している様子。初めて出会う
桜の性質を一瞬で見極めることが重要。

企画書を持っていなかった私は、近くの漫画喫茶に駆け込み急いで企画書を作ってプリントアウト。戻って渡そうとしたのですが、応対時間を過ぎていたので、直接受け取ってはもらえませんでした。仕方ないので後日郵送して反応をうかがったところ、

「それじゃあ市役所に来てください」

との返事。緊張しつつふたたび市役所を訪れました。

待っていたのは市役所の担当者と、樹木の専門家の先生でした。私は地域活性化のためにこの大村桜を使いたい、と熱弁をふるいました。

「長崎の桜を集めようというときに、民家に植わっている桜を切らせてもらうのは簡単です。けれど、大村桜の方が話題性があるし、何百万人というたくさんの人がその桜を見るので、地域活性化にもつながる。ぜひ分けてもらえませんか」

すると先方の反応は、意外なことに悪くなかった。大村市側も、桜は街のシンボルでもあるので、それで街を活性化したいという考えを持っていたのです。しかも圃場に植えられた桜は、もともと市の設立七〇周年のイベントで使うために育成されたものだったのですが、たまたまそのイベントがなくなってしまい余っていたのです。

「ラッキーでしたね」

と市役所の人も驚いていたほど抜群のタイミングだったのです。

日を改めて圃場の桜を切りに行きました。滞りなく作業を終えて、九州全県桜探索プロジェクト成功の喜びを嚙《か》みしめていると、市役所の担当者に声をかけられました。

「じゃあ、次に行きましょうか」

と車に乗り込んでいます。

なんだろう。切らせてもらうのは圃場だけの予定だったけど。不思議に思いながら車で後を追うと、着いたのは大村神社でした。

「どうぞお切りください」

国の天然記念物の桜を。

九州行脚《あんぎゃ》の最後の最後で、こんなドラマチックな展開が待っているとはまったく思っていなかった私は、飛び上がるほど驚きました。しかし、うれしい反面ちゅうちょもしました。昔から祖父に、

「神社の木だけは切ったらあかん」

と教わって育ってきたからです。神社の木は神の宿るご神木とされていることが多く、切ると罰があたると常々釘《くぎ》をさされていました。

—そう言っていただくのは本当にありがたいことですけど、さすがに身を清めてからでないと……」

「もちろんそうです」

そのときすでに神主さんには話が通っていて、お清めの塩が用意されていました。作業の前に、正しい手の清め方を教わり、桜の木の四方と桜自身を塩で清めました。木の周りには竹で作られた柵がめぐらされていて、普段は中に入ることが禁止されています。その柵を越えたとき、一瞬足がすくみました。柵から先は神の領域です。木に失礼があってはならない。気持ちを静め、感謝の気持ちを胸に細心の注意を払って枝を三本切らせていただきました。

木を切るという行為全般に通じることですが、植物に対して自分の姿勢が悪ければ、その〝付け〟が必ず自分に返ってくると私は思っています。修業時代に富士山で遭難したのは、そこで悪いことをやっていたから。命の危険にさらされたし、法にも裁かれました。

私がもし普段から違法行為に手を染めている悪徳業者だったら、神社の木を切ったあと付けが自分に返ってくるはず。しかしこうしてその後も元気にやれている。自分

長崎県大村神社にて、国の天然記念物、大村桜の枝を切る。柵を越えた瞬間、体をふわっとしたものに包み込まれたような気がした。桜をきちんと見据え、一礼し慎重に切らせていただく。

の植物に向かう姿勢が正しかったことを再確認させてもらいました。

「この天然記念物の桜、枝を五分の一の長さまで全部切っていいですよ」

と言われたとしても、私は切らないでしょう。

私の虚栄心のために必要以上の枝を切るのは、命を粗末に扱うのと同じことです。大村桜に負担がない本数。そしてフロアに飾って見栄えがよい最低限の本数。それが三本だったのです。

こうして、ありがたいご縁に恵まれ、多くの方々にご協力をいただいて、九州のすべての県から桜を集めることができました。性質の違うさまざまな種類の桜も無事、同時に咲かせることができ、本番ではたくさんの人に楽しんでもらえました。

「ありがとう」「お疲れさま」など多くの方から声をかけていただき、なかには「桜を見て涙が出た」と言ってくれた人もいました。

さまざまな人たちとの出会いや想いが込められたその桜たちが、たくさんの人の心に幸せの花を咲かせてくれると信じています。

エントランスで咲きほこる陽光桜《ようこうざくら》。

銀閣寺の花

花宇と活け花

花宇ととりわけ関《かか》わりの深い顧客は華道家の先生方です。私の祖父、卯之松が扱う花の幅を広げた結果、それが華道家たちの目に留まり、以来さまざまな花材を提供してきながら今日に至っています。

たとえばある植物を見つけたとします。するとまず頭に思い浮かぶのは、華道家の先生たちの顔です。あの流派のあの先生なら、この花使ってくれるかもしれんなあ。そういえばあの先生、今度活け花展やるって言ってたけど、あそこの会場でやるならこの花も映えるなあ。花を見るときの判断基準のひとつに、「作品として使えるかどうか」という視点が組み込まれているのです。

数ある流派ごとに好む素材が違ってくる。同じ流派でも個人で違ってくることもある。西洋の影響を受けた活け花もあるし、現代アートに近いような形のものもある。線のきれいな枝ぶりのものが欲しいときもあるし、ぐにゃぐにゃに曲がって半分枯れかけているような枝が欲しいときもある。単純にすごくカラフルでポップな花を求められることもある。

各流派の伝統を考慮に入れながら各先生の作家性も加味しなければならないのです。

花方、佐野珠《しゅ》賓《ほう》先生との出会い

華道家の先生と仕事をすることで、植物に対するさまざまな理解や発想が増え、鍛えられ、育てられてきました。これは私だけでなく、花宇という会社にとっても同じこと。華道家という厳しいプロの目に常にさらされてきたからこそ、花材屋として確たる地位を築いてこられたのだと思います。

花宇の恩人ともいえるさまざまな華道家のなかでも、私がもっとも影響を受けたうちのひとりが佐野珠賓先生です。

二〇〇七年のことです。ある日突然、知り合いの業者さんが銀閣寺のお花の先生を連れて、花宇に来てくれたことがありました。

どこかの流派に所属している華道家さんではなく、〝花方〟と呼ばれる銀閣寺の花務係の女性でした。その方が佐野珠賓先生です。銀閣寺に伝わる〝花伝書〟を現代に伝える仕事をしているとのことでした。

銀閣寺は、室町幕府の八代将軍足利義政公が政治の世界での争いごとに嫌気がさして、「俺はこんな世界いややや〜。好きなことだけやってたいねん！」と若いうちに政治の世界から足を洗って、自分の趣味に生きるために東山に建てた小屋のようなものが元になっています。

義政の趣味は、さまざまなジャンルの芸術・文化の達人を呼んで作品を作らせたり、語り合ったりすること。銀閣寺は素晴らしい画家やお茶の大家、優れた庭師、音楽家など、一流アーティストが集《つど》うサロンだったのです。

そんな銀閣寺において、正月などの行事ごとに花を飾る係が当時おり、「花方」と呼ばれていました。私が珠賓先生と出会った二〇〇七年は、銀閣寺に五〇〇年ぶりに花方という職業がよみがえってから間もない年でした。

花方に就任した珠寳先生は当時、月に一回「花道場」という活け花の稽古会《けいこかい》を開催していて、私にも「よければ一度、お寺に来てください」と誘ってくれました。

自分を見つめ直す

この出会い、この経験が、私にとって大きな転機になりました。

花や植木に携わっている人のほとんどは、それをきれいに見せることに集中し過ぎるあまり、過剰に手をくわえたり流行の形やデザインばかりを重視してしまうこともあります。しかし、美しい庭の見える銀閣寺で心静かに花と向き合っていると、本質はもっと別なところにあるということに気付く。重要なのは花そのものの美しさをとらえること、人の心を動かす花の本質をとらえることなのです。あらためて植物との向き合い方を考えるきっかけになりました。

花の修業を通して、人としての在《あ》り方を修業することもできました。挨拶や掃除、作法、植物への感謝の心。さまざまなものが養われています。

私はそれまで、何十万本という木をさばいてきましたが、花稽古の初日に活け終え

た花ほど丁重に葬った花はありません。使い終わった花を尊敬する気持ちがわいてきて、花のおかげで今の自分があることを思い出しました。

初めての花稽古を受けてから今に至るまで、どうしても仕事で行けないときを除いて月に一回、銀閣寺に通って稽古に参加させてもらっています。活け花の技術を習うというよりも、そこで心を落ち着かせて、花と向き合い自分をリフレッシュさせる。さらにいえば、人間としてさらに成長するために通っているのです。

大切なのは見えない部分

花材調達屋としての意識にも大きな変化が訪れました。

それまで私は、「花宇の存在というのは表に出してはいけないものだ」とずっと思ってきましたし、父や周りの職人からもそのように教えられてきました。活け花の世界でも、ひとつの作品を見て「この花材はどこで手に入れた？」とか「こんなに美しい枝ぶりのものを誰がとってきた？」と話題になっても、自ら手を挙げるようなことは許されなかった。あくまで裏方に徹していなければいけなかったのです。

しかし珠寶先生は、「いやいや、こういう仕事は本当に素晴らしいと思いますよ」と言ってくださった。珠寶先生は、みずから山に入り花材を調達することもあります。そうした経験から、「むしろ、そういうことがいちばん大切」と花宇の仕事を純粋に認めてくれたのです。驚いたし、それ以上に感激しました。

作品の完成度ももちろん重要ですが、「それ以上に〝見えない部分と過程〟が大事」というのは銀閣寺に伝わる活け花の特色でもあります。花の美しさより花を活ける場の支度、水を汲《く》みに行くときの心の持ちようなど、活ける以前の過程が大事だという考え方なのです。

花の活け方にもそれは表れています。銀閣寺が教えている作法では、花瓶の中にわらを束ねた「こみわら」という花留めを用います。「こみわらにどれだけまっすぐに、枝や茎が交差しないよう活けることができるか」ということが大切であり、花瓶の中にあって見ることができない部分が、その花においていちばん美しい部分とされています。目に見える花がどうでもいい、と言うわけではありません。そこに立てる花が美しければ美しいほど、花瓶の中身や、その花を用意するための過程がより引き立つことになるからです。

私だプラントハンティングをするにあたっても同じ。ただいたずらに美しい植物をとってくるだけではいけない。なぜその花なのか。どこでどうやって採集したのか。誰に届けるのか。そういう過程が大切だと教えられた気がしました。だから自分はこんなにも銀閣寺の活け花に、珠寶先生に共感を覚えるのでしょう。

珠寶先生は「過程が大事」と言ってくれた。

自分の中でもやもやとしていた気持ちに、初めてはっきり言葉で返してくれたのです。私にとってはとても大きなことでした。

今では、珠寶先生のように言ってくれる華道家やフラワーデザイナーが、まだまだ少数ですが確実に増えてきています。

「花宇さんの商品をうちが使ってる」

「この花は花宇さんに咲かせてもらった」

「これは花宇さんに頼んでおいたから大丈夫」

この業界の常識であった「メーカーの名前を出さない」という暗黙の了解にとらわれずに仕事をしてくれる人が出始めているのです。これは花宇だけでなく、植物業界全体にとってかなり劇的な変化だと思います。

「これからは花材のバックグラウンドがすごく大切になってくる時代じゃないのか。ひとつの花にある物語を伝えてあげるのが、俺の使命なんじゃないのか」

と思うようになりました。

二〇一〇年の九月、日本の活け花の家元が一堂に集まるイベントが金沢で開催されました。そこに畏《おそ》れ多くも弱冠二九歳の私が講師として呼んでいただけたのです。

今まで何度か講演をさせてもらっていますが、このときは、これまでとは違った緊張を味わいました。聞いている人は全員プロだし、その影響力を考えると、とても落ち着いてしゃべることなどできませんでした。それくらい、大きな舞台でした。あまりにも感極まって、講演中に涙を流しながらしゃべるという失態まで犯してしまいました。

その場で私は、この本で書いてきた花にまつわるエピソードを紹介しました。これまでなら自分はそういう場に呼ばれない立場だったので、ありがたいと思うと同時に、華道界も変わってきているんだということが肌で感じられました。

パリにて

私と銀閣寺の関わり合いのなかでも大きなできごとだったのが、二〇〇八年にパリで行われた京都の名宝展です。これは姉妹都市であるパリ市と京都市の提携五〇周年を記念して企画されたもの。金閣寺、銀閣寺、相国寺という京都の有名寺院に眠っている名宝を、パリのプチ・パレ美術館でお披露目するというイベントでした。

展示と併せて茶道、香道、華道という三つの東山文化もパリに伝えるべくさまざまなイベントが行われました。そのなかで珠寶先生が、プチ・パレ美術館メインゲートで活け花のデモンストレーションをすることになりました。私は一緒にパリに行き、先生が活ける花材の調達係を務めました。

日の丸を背負って世界中が注目するなかで花を活ける。ものすごいプレッシャーだったと思います。私ができることといえば、日本からいい枝ぶりの木やもちのいい花材を用意したり、現地で情報をかき集めてできるだけいい花材を集めたりすることくらいですが、可能な限りサポートしよう、と決めてパリへ向かいました。

結果から言うと、この試みは大成功でした。珠賓先生は堂々と花を活け、室町時代に始まった銀閣寺の花をパリで再現されました。

また、このパリでのイベントは、私にとっても会心の仕事ができたときでもありました。

メインとなるのは、日本から持ってきた松、銀閣寺に植わっていた梅、パリの庭園で切った竹です。それ以外にも日本で切った紅葉、りんどう、シャンゼリゼ通り沿いの公園で切った下草などを用意しました。

華道家の依頼による枝切りの場合は、その人の作品をイメージしながら枝を探します。

「この枝を後ろにおいて、たぶん芯《しん》がこんな感じ。この後ろに南天が来て、その次にこれが……」

というような漠然としたイメージを持って、何万本と生えているなかからたった三本、五本の枝を探します。自分のイメージに合った枝をハンティングするのです。

デモンストレーションの日は、珠賓先生の介添え人を務めさせていただきました。

そこで、花を活ける先生の手が、自分のイメージとまったく同じ順番で動いていることを発見したのです。

日仏の花がひとつの花瓶の中で互いにけんかすることなく融合している。こみわらの中では、それぞれの花が交差することなく美しく活けられていたことでしょう。

フランスでその価値を認められた銀閣寺の活動は、〝慈照寺国際交流プログラム〟と名前を変えて毎年パリで行われています。最近では香港《ホンコン》、台湾、バーレーンでも開催され世界中に広がりつつあります。

花の縁が世界をつなぐ。

このプロジェクトに参加していて、植物の力をあらためて実感しています。

第八章

快楽の花

花のエロス

新しい楽しみ

植物にはいろんな見方があります。

「かわいい」

「いとおしい」

「カッコいい」

「すごい」

「グロい」

花や植物が人間に与えてくれるインスピレーションは、音楽に近いものがあると思っています。かつて、偉大なギタリスト、ジミ・ヘンドリックスは、

「いい気分のときに聞いた音楽の印象はすごくいいし、落ち込んでるときやイライラしてるときに聞いたら、その音楽のことを好きになれない」

ということを言ったそうです。私はこれを聞いたとき、

「花もいっしょやなあ」

と思いました。

そういうさまざまなインスピレーションのひとつに、

「エロい」

という感情があります。

そもそも花は、人間でいうところの性器です。おしべの花粉をめしべが受粉して実ができる。これは人間の精子と卵子の関係と同じです。そうしてできた実の中の種が、人間でいうところの子供なのです。花はより多くの子孫を残すために甘い香りや蜜《みつ》を出して鳥や虫をおびき寄せます。こうした様子も性器に似ています。

植物のエロさを知ると、自分の人生にプラスアルファの要素が加わります。楽しみがひとつ増えて、人生もより豊かなものになるでしょう。

形そのものが人間にとってエロティックな想像を喚起させる植物も数多くあります。

たとえば、ダブルココナッツ。巻末口絵の写真を見ていただければわかると思いますが、見た目がそのまんまでしょう？

子宮に似ているものもあれば、お尻《しり》に似ているものもあるし、男性器のようなものもある。

じつに多種多様です。

匂《にお》いにエロさを感じる植物もあります。

修業時代に和歌山県へ椿《つばき》の枝を集めに行ったときのことです。山に入り椿の木を探していたら、道々にウバメガシという雑木が茂っていて満足に進めませんでした。邪魔だな、と思いながら進んでいたら、そのとき一緒に行った職人が、

「かめへんから切れ切れ！　切ったら女の匂いがするぞ！」

とニヤつきながらアドバイスをくれました。切ってみると、確かに生《なま》っぽくてなんとも言えない匂い。〝女の匂い〟というのは言い得て妙かもしれません。

私がインドネシアから輸入した、アルカンタレア・インペリアリス・ルブラという

形が男性自身に似ているサボテン。先端が赤い。

パイナップルなど、壮絶ともいえるエロさを見せつけてくれる植物です。

アルカンタレアは、七年から八年かけて成長し、最後に大きな花を咲かせます。四方に大きく広がった葉の中心に咲くのですが、グングン花の数を増やしながら天に向かって伸びていくのです。一週間に二〇センチくらいの早さで成長し、最長で二メートルから三メートルにもなる。

頂点まで伸びきったところで、それぞれの花が一斉にパカッと開いて咲きみだれて散っていくさまは、打ち上げ花火そのもの。地面に落ちた花がそのまま子供として、次の世代のアルカンタレアになり、親はそこで死んでしまいます。

アルカンタレアに限らず、パイナップル科やリュウゼツラン科の植物は、こういう一生を過ごす植物が多い。死の直前の神秘的で神聖な生殖活動の儀式なのです。花が狂い咲いてどんどん伸びていく様子には、人間の生殖活動の姿も重なります。

植物の形、匂い、存在そのものにエロティシズムを感じるのは、魅力的な異性を見たときにグッとくるのと同じ感情だと思います。

何にエロスを感じるかは人それぞれ。私の場合は、ぷくっとした多肉植物のちょっ

とした割れ目に毛が生えてたりするとグッときます。

きれいな花を見てエロティックな気分になるのも花の楽しみ方のひとつです。

狩りの快感

プラントハンターとは

学者と同様、もしくはそれ以上の知識。
どんな険しい道でも登っていくアスリートのような体力。
冒険家や探検家が持っている燃えるような好奇心。
時代にリンクした花を見抜く感覚。
これをすべて持っている人こそ、優秀なプラントハンターだと思っています。
とくに私が必要だと思っているのが、時代に敏感なセンスです。
一本の花に、自分のメッセージを込める。
一本の花で、人の意識を変える。

時代を読みながら植物を探して世の中に何かを発信してこそ、プロのプラントハンターだと私は考えています。

こうした想《おも》いが強すぎて、ときとして「ハンターズ・ハイ」とも言える状態に陥ることがあります。

たとえばとある外国の断崖《だんがい》絶壁に、誰も知らない美しい花が咲いているとする。決死の覚悟で私はその花を採る。

道のりが険しければ険しいほど、その花を美しく感じてしまう。これは困難な仕事をやり遂げた自分を、過剰にロマンチックに仕立て上げてしまっているからです。

俺って天才やん。

これは非常に危険な感情です。すごいのは植物の力であって、自分の力ではない。自分はそれを見つけただけ。それをあたかも見つけた自分の力のように勘違いしそうになるときがあるのです。

こうしたナルシシズムが花を見る目を曇らせてしまうこともあります。

本当に人の心に響く力を持っているのか。

今の時代にふさわしい植物なのか。

そこをふまえておかないと、日本に持ち帰ってみて、現地で見たときよりも魅力を感じなくなっているということがときどき起こります。

もともとプラントハンターは、ヨーロッパの貴族のために危険を冒してまでも海を越えて植物を探しに行ったとされています。

しかし私は、彼らは誰かのために植物を探していたのではなく、本当は自分のために行っていたのだと思っています。

もちろん自分の家族を養うため、仕事として行っていた部分は大きい。しかし彼らが命を懸けて植物を追い求めていたもうひとつの隠された理由は、最高の花を見つけたその瞬間の、心の底から湧《わ》きあがる快感に取りつかれてしまったからではないでしょうか。

誤解を招く言い方かもしれませんが、私が日々プラントハンティングに情熱を注いでいるのも、やはり自分のためなのです。植物の魔力を知ってしまったからです。もちろん誰かの依頼で植物を探しても、その人への想いが強くなりすぎてしまい、無茶を重ねてしまうこともあります。それもまたある種の「ハイ」状態であるといえるかもしれません。

私はこうした「ハンターズ・ハイ」と戦いながらいつも自問自答しています。
その花は、誰かを幸せにするのか？

私が見たい花の瞬間

究極のエロス

花が枯れるのを見ると、いつも思うことがあります。

「美しく咲き誇る花が、枯れる瞬間はどこなのだろう？」

部屋に飾った切り花。最初は美しく咲いています。しかし時間がたつにつれ、どんどんしおれていき、やがて枯れてしまう。このしおれたときが、花が枯れる瞬間なのかというと、どうも違う気がする。しおれながらも、その花は依然としてきれいなままです。

美しさと醜さ。

その境目に花のエロスの究極の形があるのではないか。

私はそう思っています。

「咲く」と「枯れる」の境目。

美しいものが醜くなる瞬間。

もし神様が、私に今まで見たことのない花をひとつだけ見せてあげよう、と言ってくれたなら私は迷わずこう答えます。

花が枯れる、その瞬間。

第九章

奇跡の花

祈りの仏芭蕉《ほとけばしょう》

この花を活けてもらいたい

花宇と縁の深い華道家の先生たちには、これまでさまざまな種類の植物を納めてきました。そのなかでもとりわけ珍しく、私にとっても思い出深い植物があります。それは、バナナです。もちろん、ただのバナナではありません。

それは、私が慕って仲良くしてもらっているタイのプラントハンター、ダンが南米で見つけてきたバナナでした。

二六歳のときのこと。彼から興奮気味の電話がかかってきました。

「清順、すごいバナナがあるから見に来い！」

ハンティングにいよいよ熱中し始めた時期だった私は、すぐさまタイに飛びました。

とにかく珍しい植物を見て触って知識を蓄えようとしていた時期でした。彼のプライベートガーデンに行くと、そこには私の想像をはるかに超えた、常識はずれのバナナがありました。

普通、皆さんがイメージするバナナは一房に付いている実が、同じ方向に伸びたり曲がったりしていると思います。しかしそのバナナは、すべての房がつながりあいながら螺旋《らせん》状になっています。連続して連なった房が中央を包み込むように曲がっている、といえばいいでしょうか。

こんなに面白い形のバナナは日本にはありません。

「頼むから種をくれ」

とにかく、そのバナナが欲しくて欲しくてたまらなくなった。ぜひ花宇で扱ってみたかったのです。バナナの既成概念を一変するその形状に誰もが驚くはず。日本に帰国した私はすぐに畑に種を植えました。するとまさにそのタイミングで、生真流《しょうしんりゅう》という華道の流派が開く展覧会の花材調達を受ける、という話が持ち上がってきたのです。

そのとき、私の中でバナナとこの流派の家元が一直線でつながりました。

「これは、あの先生にぜひ活けてほしい」

当時の家元は川岸香園さんという女性で御年九四歳。ご高齢のためこれが大きな展覧会としては最後になるのではないか、と言われていました。

これは絶対、川岸先生とこのバナナとの縁が働いた、そう感じました。尊敬する川岸先生の最後になるかもしれない展覧会が開催されるタイミングで、こんなにも魅力的なバナナに出会ったのです。これを活けてもらわんでどうする。いてもたってもいられず、私は再びタイに飛びました。種を育てていては当然展覧会には間に合わないタイミングでした。

空港での一悶着《ひともんちゃく》

一週間もあけずに再びタイに来た私を見てダンもさすがに驚いたようです。

「頼むからあのバナナを一房くれ」

「この間あげた種はどうしたんだ?」

「畑に植えた。でも今すぐほしいねん」

私は必死に事情を説明しました。川岸先生のこと。最後の展覧会かもしれないこと。どうしても先生に活けてほしいこと。ダンは黙って話を聞いていましたが、必死の想いが通じたのでしょう、やがて一房切って私に渡してくれました。

「先生によろしくな」

やはり持つべきものは友。

私はお礼もそこそこに輸出の手続きに入りました。

バナナは、苗木を輸出入するのは違法な植物です。しかし種や、黄色くなる前の青い実の単品輸送はセーフ。そこで熟すまえの青い実をもらっていました。あせっていたのは、展覧会に最適の状態でバナナを渡したかったからです。時間がかかってしまうと、熟しすぎて実が腐ってしまう。時間がありませんでした。

タイから輸送したバナナが日本に到着したのはその八日後。

関西空港まで引き取りに行くと、実の一部が黄色くなりかけていました。あかん。植物防疫官の目が一瞬光ったような気がしました。このタイミングで引っかかってしまったらもう展覧会には間に合いません。ここばかりは、泣き落としにかかりました。

「すんません。一部黄色いけどほとんど青いんで許してもらえませんか？」

防疫官は実を手に持って調査しています。私は実を奪い取りわざと青い部分を差し出して熱弁をふるいました。

「ほら、見てください。ほんのちょっと黄色いだけで、基本的には青でしょ？　たのんますよ、許容範囲内でしょ、これなら。どうしても二日後にこのバナナが必要なんです。川岸先生っていうお花の先生が展覧会をやるんです。で、俺は絶対その先生にこれを活けてもらいたいんです」

「わかった、わかったから。持ってっていいよ」

と防疫官は解放してくれました。気迫が通じたのでしょう。

こうして無事にバナナを納品することができました。

おもろいやろ？

そして展覧会当日。

私が納品したバナナは、川岸先生の作品で使ってもらっていました。

白い器の真ん中にどしんとすえられたバナナ。充分に熟《う》れて、部分的に皮が黒ずん

でいます。そのバナナを包み込むように配置されているのが、枯れかけのアンスリウムの黄色い葉。背後には若々しく勢いのある緑のアンスリウムの葉があしらわれ、マンゴーの枝がアクセントで添えられていました。

黄色と緑の美しいコントラスト。なにより素晴らしかったのは、正面から見たときの吸い込まれそうな空間です。その空間を演出しているのが、中央を包み込むような形をしているバナナでした。

全体に枯れた風情をたたえていながら、緑が若々しさも表現していて、中央の空間は川岸先生自身の長きにわたる奥深い人生そのものを表しているようでした。

しばし見とれていると、川岸先生が声をかけてくれました。

「どや？」

自分がどうしても川岸先生に活けてほしくて輸入したバナナ。それがこんなにもすごい作品に使ってもらえるなんて。

言葉が出てきませんでした。

すると先生はニコッと笑い、衝撃的な一言を発したのです。

「おもろいやろ？」

九四歳にして、なぜこんなにもかっこいい言葉を言うことができるのか？

私は心の底からしびれてしまいました。

そのひとことに、川岸先生の想《おも》いのすべてが込められているように感じました。

「めっちゃおもろいです！」

この展覧会の三年後、川岸先生はお亡くなりになりました。


長い人生の最後の最後に、私の納品した奇妙なバナナが、多少なりとも生きる活力みたいなものをお分けできていたらうれしい。今ではそんなふうに思っています。

一人の華道家の、活け花に捧《ささ》げた人生の集大成に、自分のハンティングの成果が貢献できたかもしれない。私にとって、本当に思い出深い仕事のひとつになりました。

展覧会で日本初お目見えとなったバナナは、その後花宇の畑ですくすくと育っています。

ダンは、このバナナを「プレイヤーズハンド」と呼んでいました。房が重なり合っている様子が、手を合わせて神に祈っているように見えたのでしょう。私も彼のアイディアをヒントに名前をつけることにしました。

仏芭蕉を活ける川岸香園先生。

バナナは和名を「芭蕉」といいます。

そしてその形は、仏様を拝んでいる手のようにも見えます。

私は、川岸先生への想いも込めて、そのバナナを「仏芭蕉」と名付けました。

祖父、父、私。三世代にわたり、花宇とお付き合いいただいていたこと。

私の祈りが通じ先生の最後の大舞台で自分の見つけた花を活けてもらえたこと。

七〇歳近く年が離れているにもかかわらず、一つの花について同じ感覚を共有できたこと。

川岸先生が残してくれたこれらの奇跡は、いまも私の生きる力になっています。

世界にひとつだけのひまわり

奇跡の突然変異

二一世紀の大発見。

そういっても言い過ぎじゃないほどの強烈な花を、いま花宇では育てています。その花は、全世界で知らない人はいないメジャーな花の新種で、誰もが知っているあの形が、今まで見たこともないように突然変異しています。

その花とは、ひまわりです。

ひまわりはキク科の一年草。特徴的なのは、多くの花が集まってひとつの花を形成しているところです。外側の黄色い花びらを舌状花、内側の花びらがない部分を筒状花と呼びます。和名の由来は、太陽の動きに合わせてその方向を追うように花が回る

様子からきているそうです。

その新種のひまわりがどういう形をしているかというと、すべての方向に花びらがついているのです。ひまわりの特徴であるあの黒々とした筒状花が見た目上はいっさいなく、上下左右、どこもかしこも黄色い花びら。私の知る限り、このようなひまわりが発見されたという報告は今までありません。

正真正銘、世界にひとつだけの花なのです。

このひまわりは、「綴化《せっか》」という突然変異の結果生まれたものです。綴化とは、植物の成長点が突然変異で連続的、不連続的に異常になる現象のこと。このひまわりの場合、本来筒状花になるべきところが、舌状花の連続異常により覆い尽くされてしまい、全方向に黄色い花びらがついたのです。綴化植物は園芸の世界で重宝されていて、もっともポピュラーなのが夏から秋にかけて咲く鶏頭《けいとう》。本来は筆のような細長い花ですが、綴化することで鶏のとさかのような形になっているのです。

この花をいかにして発見したのか。そこには小さな奇跡の物語があります。

念ずれば花開く。

私の好きなこの言葉にこれほどぴったりの物語はありません。最後に紹介して、こ

の本の結びとしたいと思います。

物語の主人公は、花宇で職人として働く正二さんです。正二さんは奄美大島出身で、一五歳のときに島を出て花宇で働き始めて以来、二〇年間会社を支えてきてくれた大切な職人のひとりです。私にとっては同じ釜《かま》のめしを食ってきた兄弟のような存在であり、よき仕事仲間でもあります。

なお文章の途中で出てくる語り口調は、正二さん本人が語った言葉です。この話を書くにあたり、担当編集者と一緒にあらためて正二さんに話を聞いたのですが、じつに臨場感あふれる面白いものだったので、そのまま使わせてもらいました。

まさか道ばたにこんなものが

二〇〇九年の九月のこと。パリに出かけていた私に、携帯のメールが送られてきました。見てみると送信者は正二さん。珍しいこともあるもんだとそのメールを開いてみると本文にはひとこと、

「清順、すごいの、見つけた！」

と書かれていて、写真が添付されていました。まじめな正二さんのこと。きっと植物なんだろうな、と思いながら開いてみたらそこにはこれまでに見たこともないような植物が写っていました。

一目でこれはすごい代物《しろもの》であることに気づきました。

＊＊＊

このひまわりを見つけたのは、花宇から車で一時間くらいのところでした。九月は大きなひまわりの注文が多い時期で、そのあたりはひまわりを作っている人も多いので、探しに行ったんです。

車で回っていると、ある畑に一つだけもう明らかに違う花があったんです。正直言って、その花だけ光って見えました。花びらも散って、ちょっと枯れ気味だったんですけど、なんかもうひとつだけ異常に、なんじゃこれっていうのがあって。

丸くはなってるんですけど、なんかもう、ひまわりの原型を留《とど》めてないようなとんでもない形でした。これまでたくさんひまわりは見てきたけど、あんなの初めて。

たくさんあるひまわりのなかで、ただ一本、その花だけが異常な形をしてました。しかも、いちばん道路側にあったんです。いちばん目立つところに。だから車の中からでも気づいたんだと思います。

どうしてもほしい。これ、本当に本当に、ものすごいから。

で、作った人に声をかけに行きました。種を少しでも分けてもらえんかなと思って。そしたらそのおじさん、「あ、全部切ってっていいよ」って。

ひまわりを切って会社に帰ってから、もう興奮して興奮して。すぐに写メ撮って、「すごいの、見つけた!」ってメールして。清順もめちゃ興奮してて、もう来年から絶対種まいて作ろうって。

じつは俺、その次の年も見に行ったんですよ。もしかしたら、種残してて、植えてはるのかなと思って。そしたらひまわり自体、もう一本も作っていませんでした。

＊＊＊

あのとき正二さんが発見していなかったら、あのひまわりはひと夏の一瞬の奇跡で

終わっていたかもしれない。誰にも気づかれずに散っていくひまわり。なんとももったいない話です。しかもそのひまわりが道ばたのいちばん目立つところに咲いていたのに、誰も気付いていなかったというのも奇跡的。

おそらくあのひまわりが、正二さんのことを選んだのだと思います。

帰国後、私は正二さんと一緒に種をとりました。一〇〇個ほどのその種を袋に入れて、「来年から絶対種まいてこの花作るぞ！」と大騒ぎ。ただ、綴化というのはあくまで突然変異なわけで、その遺伝子をうまく種が受け継いでいるとは限らない。植えたからといって次に出てくる花も同じひまわりである保証は何もないのです。

そんなうまいことといくかい、とも言われましたが、私と正二さんだけは奇跡を信じていました。

＊＊＊

いつも種を保管しているところとは別の特別なところにその種を保管しました。まんがいち盗まれたりしたら怖いから。まあただの種だからそんなことはないだろうけ

ど。場所はどこかって？　それは秘密（笑）。

俺と清順しかわからないところに、大切に保管しておきました。

翌年の五月からすこしずつ大事に畑に植えていきました。一気に植えてしまうと、ネズミに食べられちゃうかもしれないし、もし何かあって全滅したりしたら、それで終わりですから。五月、六月、七月と分けて植えました。

見つけたのが九月で植えたのが次の年の五月だから、もうその間ドキドキしました。植えるのが待ち遠しかった。

＊＊＊

忘れもしないその年の八月一八日。お盆休み。

私はちょっとひまわりの様子を見に、畑に行ってみました。

私と正二さんが植えたひまわりの種は順調に成長していました。ネズミに食べられることもなくすべての種がすくすくと育ち、八月の時点でいちばん最初に植えた種は二メートル近くまで茎を伸ばしていました。もう私よりもずっと背が高い。いよいよ

あとは花が咲くのを待つばかりです。

畑に入りました。その瞬間、もう目に飛び込んできました。

一本だけ咲いた、世界に一つだけのひまわり。

正二さんも私も、花が咲いた状態はそれまで見たことがありません。見つけたときはすでに枯れていたからです。それでも正二さんにはそのひまわりが光って見えたという。

花を咲かせたひまわりは、ものすごく輝いていました。太陽に合わせて回るというよりも、その花自体が太陽のように見える。

信じてよかった。念ずれば花開くんや。

「よっしゃー！」

私は誰もいない畑で、ひとり雄《お》たけびを上げました。

＊＊＊

お盆休みのある日。俺、ちょっと仕事があったんで会社に行ったんです。

それで事務所に寄ったらたまたま清順もいて、

「綴化のひまわり咲いたで。知ってた？」

って言うんです。俺もう、びっくりしちゃって。

「ええっ！」

って。そしたら清順、家から持ってきてくれたんですよ。切り花にして、花瓶に挿《さ》した、いちばん花を。見た瞬間に、もう……。本当にきれいでした。

最初に発見したとき、花はもう終わっていたし、咲いたところ見たことなかったんです。きれいやろなあ、とは思っていたけど、まさかここまでとは。

もう涙が出ました。こんなにきれいな花があるんやな、って。

＊＊＊

結局、植えた種はすべて全方向に花をつけました。

突然変異が見事に受け継がれ、固定化していたのです。

本当のことというと、いちばん花を畑で見つけたとき、この花見つけたの俺ってこと

にしようかな、とふと考えました。三分くらい（笑）。

それくらいの素敵な発見なんです。

通常植物の新種というと、これまでに誰も見たことのない珍しいものを誰かが発見するか、もしくは遺伝子操作などで既存の品種を改良するか、そのどちらかのパターンで世間に発表されます。

たとえば前者だと、すでに紹介したオサメユキがそう。後者は大手企業が参入し開発競争が繰り広げられているジャンルです。二〇〇四年にはサントリーが青いバラの開発成功を発表。二〇〇八年に認可を経て、二〇〇九年から「サントリーブルーローズアプローズ」として売り出されています。

ところが、このひまわりはほかの新種とは切り口がまったく違います。葉が変わった形だったり、有名な花の色違いだったりというようなちょっとした変化でなく、花そのものの形がまるっきり違うのです。

世界中の人たちが知っている、万人のための花なので、植物の知識がなくても明らかに違いがわかる。これはものすごい強みです。

しかも切り花として流通できるのも大きい。鉢物だと輸送上の問題で流通量に限界

2010年 9 月、花宇の畑に咲いた綴化ひまわり。

がありますが、切り花ならまとめて一気に輸送できるのです。そのうえひまわりは育てやすいし、すぐに増える。

一言でいえば、史上最強の新種ということです。

大企業が莫大《ばくだい》な予算をかけて新種を作っているそのいっぽうで、道端のいちばん目立つところに一本だけ咲いていた、というのはなんとも皮肉な話。

自然の力は、やはり偉大です。

八月に咲いたひまわりは、ほかの場所に広がらないようすぐに花を切りました。

世界的な大発見なので慎重にことを進めなければなりません。

すべての花から種を取り出し、ふたたび私と正二さんしか知らない秘密の場所に保管しました。

世界へ羽ばたけ

二〇一一年の一月、ドイツで行われたＩＰＭというプロ専用の植物ショーに、日本代表の花としてこのひまわりが出品されることになりました。このドイツのショーは

世界最大級のイベントです。

一月にひまわりを咲かせるには暖かいところでなければなりません。そこで沖縄の知り合いの生産者さんに依頼して、育ててもらうことにしました。

なんとかしてドイツで世界デビューさせたい。間に合うかどうか心配でしたが、一本だけ、万全の状態ではないもののなんとか咲いたので急いで切り取り、滑り込みセーフで出品することができました。

ショーでの評判は上々。さっそくオランダの業者から実験栽培をしたいというオファーを受けています。

これからはどんどん栽培数を増やしてどんどん種を採取し、「世界でたったひとつの花から、世界の花」に育てていきたいと思います。

ショーでの出品に先立ち、この花の名前をブログで募集しました。多くの方からメールをいただき、あらためて見る人に与えるインパクトの大きさを実感しました。

「八方美花」「イエローガガ」「サンサン」「ミナサン」「アマテラス」「珠ひまわり」「ライオンキング」「満面笑《まんめんのえみ》」「ヒマワリ・スリーシックスティー」……。

皆さんからいただいた名前案を頭に浮かべながら、どんなのがいいか寝ながら考えていました。「〇〇ひまわり」というといかにもひまわりの新種っぽい名前ではなく、ひまわりと同じ扱いにしてあげたい。

まったく新しい花として独り立ちできるような名前にしたい。

そして、ふと思いつきました。


「ひまわる」


日まわる、もしくは、陽《ひ》まわる。

この花も、太陽も、地球も、私も、あなたも、人の縁も、宇宙も、みんなまあるく回っている。

そんな意味を込めています。

一〇〇年後、もしかしたら「ひまわる」が世界のスタンダードになっているかもしれません。

念ずれば花開く。

このような小さな奇跡を、世界中に発信していくことが私の使命だと思っています。

おわりに

自分にはいったい、何ができるのだろう。

この仕事に出会ってから今まで、ただ夢中で走りつづけてきて、最近になりふとそんなことを思うときがあります。

世の中には、私よりもスケールのでかい仕事をしている人は山ほどいます。人類で初めて月以外の小惑星から物質のサンプルを採取することに成功した人。前人未到の一一年連続二〇〇本安打に挑戦している人。

そんな世の中で生を受けた私がプラントハンターとして、何をすることができるのか。

振り返ってみると、花宇に入社してからの約一〇年間、三六五日植物づけの毎日を

送ってきました。世界中を飛び回り、日本中を駆け回ってさまざまな植物を集めお客さんに納めてきました。その間見てきたお客さんたちの表情は、けっして忘れられないものとして私の心のなかに刻み込まれています。

植物は人の心を豊かにする。

それを感じさせてくれる毎日でした。

私にできることといったら、地を這《は》い、木に登り、崖《がけ》にへばりついて、待っていてくれる誰かのために植物を探して届けることくらいです。けっして華やかな仕事ではないかもしれません。しかし、そうして届けられた植物が誰かの人生を豊かなものにするのなら、男の一生をかけるに値するロマンがあるのではないかと思っています。

私は、植物の力を借りて生きています。

ご飯を食べられるのも植物のおかげ。こうして本を書かせてもらっているのも植物のおかげ。いろいろな人から励ましのお手紙やメールをもらえるのも植物のおかげ。私に興味を持って会いに来てくれる人がいるのも植物のおかげ。

「こんなに人を感動させる植物を持ってきた俺はえらい」

「この珍しい植物を発見できるのは俺だけだ」

と、はずかしながら勘違いしてしまった時期もありましたが、人の心を動かす植物の力を日々感じながら生きていくうちに、

「自分がいまあるのもすべて植物のおかげやな」

と思うようになりました。

俺がすごいんじゃない。

植物がすごいんだ。

この本は、私が日々感じている「植物の力」を伝えたくて、これまで体験してきた「喜怒哀楽」のエピソードにからめながら書きました。もし植物の魅力を少しでも感じていただけたら、こんなにうれしいことはありません。

そして、いつかどこかで、私が探してきた花が、この本を読んで植物に興味を持ってくれたあなたのもとに、届くことがあるかもしれない。

そんな奇跡の出会いが訪れることを心から願っています。

私はこの先も変わらず、ずっと植物とともに生きていくでしょう。その先に何が待っているかは、まだわかりません。

ただ私は、ひたすら家業を守り一卸屋として精進していきたいと思っています。

「花の奇跡を信じない人は読んでもしょうがない話」

最後までお付き合いいただきありがとうございました。

二〇一一年三月吉日　　西畠清順拝

文庫版のためのあとがき

実は去年から、何度も都内の国際特許事務所に通い、メールや電話のやりとりも継続的に続けていた。

本書の九章で紹介した〝ひまわる〟の特許をとるためである。自分の畑で数年かけて選抜してきた、夢とロマンがぎっしり詰まったひまわるの種子を数千個、特許生物寄託《きたく》センターへ送り、審査してもらっていたのだ。

古くはインカ帝国の時代から信仰の対象として栽培され、いまなお世界中で、毎年とてつもない数が生産されている、世界でも最も有名な花のひとつといえるひまわり。そんな花の劇的な新しい品種、球体のひまわりは、「絶対世界を揺るがす花になる」と信じて審査の結果を待っていたのだ。

いま思えば、ちょうどこの本を書いていた頃までは、本能むき出しの侭《まま》、毎日無我夢中で植物を追いかけていた。出版から三年を経て、このたび文庫本化が決定し、ちょっと前の自分のことを綴《つづ》ったこの本を改めて読みかえしてみて、若かりし自分がいだいていた成熟への憧れを懐《なつ》かしくも感じ、目の前の植物しかみえなかった自分といまの自分を比べて、〝劇的〟に変わったなぁと改めて感じる。

現在、この本の冒頭にでてくる巨木のオリーブの輸入量は年間一〇〇トンを越え、世界三三カ国を回って得たネットワークを活用し、以前にも増して海外や全国を飛び回っている。

その一方で毎週のように企業にプレゼンがあったり、マジメな会議に出席し、ヘルメットをかぶって工事現場の様子を視察。よくイベントに呼ばれ、たくさんのひとの前で講演したり……とにかく怒濤《どとう》のように人との出会いも増えた。

週に二～四回乗る飛行機のなかでは、現在出版予定の四つの新しい本と、ハイエンドな雑誌といけばな誌の連載のためにひたすら文章を執筆し、インタビュー記事の校正をしたりむずかしい契約書を読むこともあれば、資料とにらめっこしたり、みんなの仕事をチェックする。まさか自分の毎日の動きを三～四人のスタッフに常に把握・

管理してもらって、なんとか毎日の予定を乗り切っているような日々がくるとは、この本を書いた頃には思ってもなかったのである。

とまぁそんな感じで、過去の自分に対して〝あの頃はよかったなぁ〟的な大人ぶった態度で、多忙になったいまの自分の状況に、うっかり浸《ひた》りたい気分になってしまいそうになるが、それが言いたいわけではない。いま自分が夢中になって追いかけているのは植物そのものに加えて、植物の〝可能性〟であり、それゆえにこれほどまでに多忙になった、ということだ。

そもそも、うちの家業は業界では有名だったものの、決して表舞台に出ることはなく、〝一見《いちげん》さんお断り〟〝取材禁止〟〝目立ってはならない仕事〟という暗黙の了解があった。実際、私が二十代前半の頃、会社のホームページを作ろうとすると、「アンタの仕事が世に出てきたら、ネタがバレてしまって、ワシらの仕事は値打ちがなくなるんや」と涙ながらに得意先に大反対されたエピソードは、いまだに忘れることができない。

そんな特殊な家業に専心し、自分自身も表舞台に出ることはないと思いながら日々仕事をしていたそんなある日に、人生を変える大きな転機はふとやってきた。

一清順の仕事は特殊でおもしろいから、ホームページで商品を並べたり会社案内をするくらいなら、日々の仕事をブログに書いてみれば？」

という、親しい友達からの言葉だった。それはおもしろいかも、と思って早速デザイナーの友達にデザインを頼む。上がってきたブログのタイトルは、〝plant hunter〟だった。プラントハンター？　聞いたことがあるようなないような。しかし、なんとなくその言葉の響きが持っている強さみたいなものに惹《ひ》かれ、「大袈裟《おおげさ》なタイトルやけど、おれの個人のブログだし、まあいいっか」とそのタイトルでブログを書くようになった。それがその後起こるたくさんのことのすべての引き金になろうとは思いもよらず……。

ブログで日々を綴《つづ》り始めてからしばらく経《た》つと、友人から「清順の仕事って、思ってた以上にブッとんでるなぁ」と、声をかけてもらうようになり、一年も経つと、見知らぬひとから「応援しています」「衝撃を受けました」「勇気をもらって進路を決めることができました」などと、メールやお手紙を頂戴《ちょうだい》することも増えたのだ。特に、「涙した」と言ってくれるひとが多い。ブログを書き始めてテレビや雑誌、新聞などの取材も頻繁《ひんぱん》に依頼されるようになった。

ひとつだけわかったことがあった。ひと昔前は、人々は花や木がどうきれいにデザインされているか、という目線でしか見てなかったのが、いまの世間は、その草木や花がそこに届けられるまでに、どういう過程を経てきたのか、もっと植物の仕事の根っこの部分に興味があるということだった。

人間というのは本当に欲深いもので、十得ることができたら二十欲しくなり、二十得ることができたら三十欲しくなるものだ。例えば、私の場合でいうと、自分の好きな植物を追いかけている日々そのものがこれ以上ない幸せで、自分にとっては他に望むものはない……と思っていたはずなのに、最近ではちょっと欲張りになって、〝あわよくば自分の仕事や植物が人のために役立てればうれしい〟と思うようになってきた。

そしてついに、二〇一二年始め、いままでのように業界内のお得意先だけでなく、業界以外の企業や団体、行政機関や個人にいたるまで、世間から寄せられるさまざまな植物を使ったプロジェクトに、これまで培《つちか》ってきたノウハウを用いて対応するコンサルタント事務所を設置し、ひとりでも多くのひとに植物の魅力を伝えるために〝そら植物園〟という活動を始めた。

そして活動開始以来、三年目で〝そら植物園〟は爆発的にその仕事の幅を広げている。アート、教育、デザイン、食、建築、政府機関、地方自治体、NPOなどさまざまなジャンルとコラボレーションし、植物を用いた大きなイベント、庭や公園のプロデュース、むずかしい植物のプロジェクトや、巨大な街づくりの植栽提案、植物園のリノベーションなどを手がけている。とにかくプロジェクトは多種多様だけれど、ひとりでも多くのひとの心に植物を植えられたらという思いで、今日も多数のプロジェクトを進行している。

結局、こうやって本を書いたことも、ブログを書き始めたことも、依頼されて人前で植物の話をするのも、全部同じ。きっと私はだれかに〝植物っておもしろいよ！〟ってことを伝えたいのだと思う。

〝そら植物園〟を始めて多忙になり、たとえ取り巻く状況が変わっても、もしかしたらなにも変わってないのかもしれない。植物そのものを追いかけるのも植物の可能性を追いかけるのも、命懸けには変わりない。やっぱり男の一生を懸けるにふさわしい夢とロマンがつまっていることには変わりないのだ。

さて。話はひまわるに戻るが、その夢とロマンがぎっしり詰まった種の審査が終わり、国際特許事務所から結果が送られてきた。

答えはNOだった。

拒絶理由は、このプラントハンターの本だという。そう、この本で自らその新発明の詳細を書いてしまったことで〝新規性〟を喪失してしまったのが原因だった。

自分がすげえ！　と思った花のことをとにかく言いたくて言いたくて、だから書いたわけだが、皮肉にもそれが仇《あだ》となった形だ。

人はいつもなにかを経験し、学び大人になっていく。非合格通知を受けたときのショックといえば、想像を絶するものだった。

絶望のなか「こんなことなら『プラントハンター　命を懸けて花を追う』なんて、書かなきゃよかった」と頭をよぎったとき、そういえば、この本を編集する最終段階で、おれの我が侭《まま》により、章立てを植物との〝喜怒哀楽〟で分けたいと言ったのを思い出した。いいときも、悪いときも、そうやってなにか強烈なことが起きるたびに喜び、怒って、悲しみ、楽しんできた。いつも私はありの侭の自分でやってきた。この本こそ、恥ずかしいながらもそんな自分の原点を綴った本なのだ。

それに〝ひまわる〟も、そんな特許のような狭いくくりに縛り付けているものではなく、「もっと大きなスケールで植物の夢とロマンを追っていこうぜ」ってきっとこの本が言ってるのかもしれない。

いまだに忘れない。無名の、プラントハンターを名乗る男に、本を出しませんか？と、手紙を書いてくれた編集者の大久保さんのこと。そう思うと、感謝の言葉が見当たらない。

二〇一四年十一月

解説

「情熱大陸」プロデューサー　福岡元啓

二〇一一年三月始め。まだ、桜を見るにはほんの少しだけ早い時期なのに、鮮やかなピンク色に染まった百本以上の満開の桜が、博多の真新しい百貨店のフロアに凛々《りり》しく咲き誇っていた。

「情熱大陸」西畠清順編は、この印象深いシーンを見せてから、いつものエンディングテーマ曲、葉加瀬太郎のエトピリカが流れ出す。

だが、その放送は、いつもとは違っていた。L字の字幕スーパーで仕切られたテレビ画面。そこにひっきりなしに流れる地震情報の横で、満開の桜は咲き続けていたのだ。

世間に広まった自粛《じしゅく》ムード、そして日本全国の人々を包んだ怯《おび》えにも似た不安。テレビからは企業CMが消え、余震の危険性から、多くの企業が、テレビの制作会社で

も、社員に自宅待機を命じていた。「情熱大陸」も、もれなくその世間の狭間の中で、もがいていた。

放送は、当初三月十三日の予定だった。しかし、東日本大震災の影響で、実際に放送されたのは、一週間後の三月二十日。急遽、放送の尺《しゃく》をいつもより数秒短くすることを余儀なくされたプロデューサーの僕は、いったん納品されたテープを取り出して、ひとり、編集作業をやり直した。もう一度、全編をチェックし、そして後半のこの桜の場面を見たときだった。こんな言葉が頭をよぎった。

〝いま桜をテレビで放送している場合なのか？〟

僕は、世間の自粛ムードに萎縮《いしゅく》していた。自分自身もこの先の生活がどうなるのかわからないといった不安の渦の中にいた。有り体に言ってしまえば、〝気持ちが沈んでいた〟といっていい。だからこそ敏感に反応してしまったのだ。

だが、一見浮かれているようにもとれるこの桜のシーンを放送するかどうかという、もやもやとした暗い葛藤《かっとう》は、そう長くは続かなかった。

この桜のシーンが終わったあとで、清順さんは、インタビューにこう答えていたからだ。

「ひとつの木が人を幸せにするのが究極やと思ってる」

植物は人の意識を変える。この本の一章もそんなエピソードから始まる。

清順さんのこの言葉が全てを解決してくれた。桜は、日本人にとって最も親しみのある花だ。人々が日常を取り戻すことを最も望んでいるとするならば、こんなときこそ桜を見せることはむしろ意味があるはずなんじゃないかと僕は思ってしまったのだ。

しかもこの桜は、人の縁とつながりで、九州各県に住んでいる方々から分けてもらった特別な想いが込められたものだった。開花調整の末、一ヶ月早く満開にしたのだ。

放送のタイミングが奇《く》しくも大地震から間もない日となったことで、番組の桜のシーンは、清順さんの「植物の力を証明したい」という気持ちを、より深い意味合いを加えて証明したことになる。

地震情報の横で咲いた桜を見た視聴者からは、「桜を見られて嬉しかった」「涙が出た」「日常を少しだけでも思い出せた」……といった感想がたくさん寄せられた。

植物には力がある——。究極の状況で、清順さんのいう究極が実践された。

この回は、僕がプロデューサーになって、初めて通した企画だった。「情熱大陸」には、数十社の制作会社から、毎日のように企画が舞い込む。年間千本くらいは目を通していると思う。年五十本しかない放送枠の中でジャッジしていくのもプロデューサーの大きな仕事のひとつだ。どの人物を取り上げ、どうやって番組にしていくか、を決断するのは、思いのほか勇気のいるものだった。

なぜなら、企画書のこの人がどういう人なのか、どういうものが撮れるのか、そして、取材の見通しは現実的についているのか、といったことを考えると、軽々に決断できないことが多かったからだ。

さながら無数の植物の中から、これという植物を探し出す清順さんの仕事に通じるものかもしれない。常に「日本で人気が出るだろうか？」という不安がつきまとっているはずだから。

清順さんと僕の共通点は「五代目」だ。清順さんは兵庫の川西市という自然に囲まれた土地の植物卸問屋の五代目。僕は、一七年続く老舗《しにせ》ドキュメンタリー番組の五代目プロデューサー。五代目というのはなかなかやっかいで、自分のスタイルを出しながらも歴史を背負うという宿命にある。

初代というのは生みの苦しみと引き換えに、自由に物事を作り上げられる。ただし、作り上げられたものが価値ある礎《いしずえ》といえるものだけに、歴史は、代々受け継がれていく〝資格〟を与える。何代も続くものがあれば、それは即ち、初代の功績によるところが大きい。二代目以降は、先代たちの想いを汲み取りながらも、自分のスタイルを確立していく。代が重なれば重なるほどその重みは増していく。

そして、五代目というのは、ちょうど、昔のままのやり方では通用しなくなる時代のターニングポイントにも直面する時期なのだ。

一七年続いている「情熱大陸」を取り巻く環境も、昔とは全く違う。例えば取材手法。カメラは、小型になり機動力が増した。編集はパソコンでできるようになり、素材の選択肢は増え、ボタンひとつで、何度でも編集をやり直せるようになった。テレビ自体も、デジタル化され、画面も大きく綺麗になって進化してきている。テロップの入れ方ひとつにしても、新たな工夫が求められる。インターネットの普及、ホームページでの動画を使った宣伝や、ツイッターなんて、予想もされていなかった。

そんな時代に番組を任された僕は、初めて生放送にチャレンジしたり、ツイッターと連動した放送、さらには、アプリを作ってテレビと連動した放送をしたり……と話

題になる試みを他にもたくさんしてきた。

　そこには、当然賛否もあったし、古くから「情熱大陸」を知る人にとっては心地よくないこともたくさんあった。だけれども、どのジャンルでも時代を任された当事者は、そうした批判と圧力に耐えながらも、なにかをやり続けなければいけない宿命にある。そうしなければ、進歩もないし、伝統が衰退《すいたい》の一途をたどるだけだ。

　だから、清順さんが古くからのスタッフや、父親と真正面からぶつかり合うのも、起こるべくして起きる当たり前のことだ。

　そうした過程を踏んで、正しい世代交代が起こっていくのだと僕は思う。何も摩擦《まさつ》が起きないことのほうが変だ。ただ、信念を持ってやっていても、悩み、自信を失いかけることはままある。

　あるとき、清順さんの事務所がある代々木ビレッジの居酒屋で軽く飲んでいたらこう話された。

「いろいろあると思うんやけど、福岡さんのやっていることは間違いなく他人の人生に影響を与えていると思う。だから自信を持っていい。オレも、福岡さんに自分の人生に影響を与えられたから」

だから悩まず元気にやってくれ！　という文脈だったような気がする。今思えば問わず語りに発せられたその言葉は清順さん自身に対する鼓舞《こぶ》であったのかもしれない。わかってくれる人がそばにいるだけで、お互い悩みは励みに変わるものだ。

五代目が迎えるターニングポイントに必要なのは、時代を察知する能力だと思う。昔のままでは、成り立たない。時代に適したスタイルを、無責任な外野のノイズを無視して、当事者の僕らが思い切って作っていかなければいけない。

清順さんが、初めて自分のスタイルを作り出そうとしたのはオリーブの木だ。

いまだ日本に輸入されたことのない巨大オリーブを持ち込もうとしたときには、逡《しゅん》巡《じゅん》したと書いている。

ただ、人が何かをやりたい、自分のスタイルはこうだ！　といいたいときには、とかくいろんな理屈がこねられるけれども、実はそこに理屈はあまりない。あるのは、好き、なんかいいな、やってみたい、という感情なのだ。それは、野性的・本能的感覚といってもいい。オリーブをなんとかして輸入したいと思った清順さんは、いろいろ考えた末に結局、わかる人にはわかってもらえるという〝カン〟となんの根拠もな

い〝自信〟で、ゴーの決断をする。

そして、売れるかどうかもわからなかったオリーブが日本で受け入れられた。

一本の花に懸けるプラントハンターにとって特に大事なものは、時代に敏感なセンスと清順さんもいう。それは、まるで新しいものを追い求め続けるテレビ番組作りのようだ。

センスやスタイルはときに勘違いと受け止められることも多いだろう。

でもなんとか成長しようとつま先立ちで必死に背伸びしたあと、地に足をつけたとき、ようやく本当の一歩を踏み出せる。この、背伸びの後で、地に足をつけ、イイ感じになっているのが今の彼だ。きっと彼は笑ってこういうだろう。

「自分のためにやっていることが、人のためにもなってきた」と。

なぜ「情熱大陸」西畠清順編がゴーの企画になったのか。それは、いろんな面白い植物が見られるし、知られていない日本で唯一の職業の人だから、という理屈はある。でも、本当のことをいえば、最後の決め手は、野性的カンだった。僕の野性を、そしてプロデューサーとしての最初の一歩を覚醒《かくせい》させてくれたのが、清順さんといっても

いい。そんな植物の力のようなものを彼は持っている。

自分の生き様が、他人の生き様の支えになれたら、サイコーだ。そしていま彼はそれを実践している。

二〇一四年　十一月

本書は２０１１年３月徳間書店より刊行されました。

徳間文庫カレッジ

2015年1月15日　初刷
2015年3月31日　2刷

プラントハンター
命《いのち》を懸《か》けて花《はな》を追《お》う

著　者　西《にし》畠《はた》清順《せいじゅん》

発行者　平野健一

発行所　株式会社徳間書店
東京都港区芝大門2-2-1 〒105-8055
電話　編集 03-5403-4350　販売 048-451-5960
振替 00140-0-44392

印　刷　本郷印刷株式会社

製　本　東京美術紙工協業組合

ブックデザイン　アルビレオ

ISBN 978-4-19-907022-8
乱丁、落丁本はお取りかえいたします。

[花 宇 植 物 図 鑑]

これまで私と父が、
世界各国で見つけてきた希少種の数々。

スティフティア・クリサンタ(ブラジリアン・パフ)。30年ほど前に父がブラジルでプラントハンティングし、育ててきた。今は大温室で6mの大木になり毎年3月にたくさん花を咲かせる。性質や栽培に関する情報も少ない大変珍しい熱帯植物。

1

2

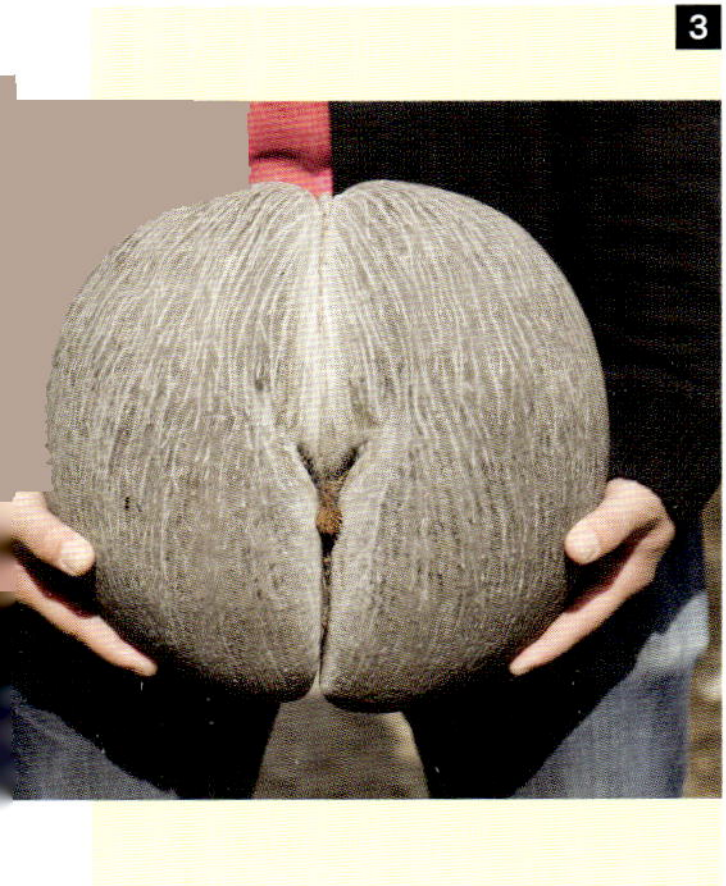

3

4

①テキーラなどの原料になるアガベの一種、アテナータ。黄金のラインが入った個体は大変貴重。②ガオクルアと呼ばれる、胸が大きくなると言われているサプリメントの原料になる植物。③世界最大サイズのヤシの種。その形から「ダブルココナッツ」と呼ばれる。④チランドシア・キセログラフィカ。この写真のものはエアプランツとしては世界最大級。

パイナップル科のアルカンタレア・インペリアリス・ルブラ。葉と葉の間に深い溝があり、30リットルもの水を蓄えることができる。

①食虫植物のウツボカズラの一種、ネペンセス・ベントリコーサ。②タイで見つけ“ソングオブ・サイアム”と名づけたドラセナの新種。③フィロデンドロン・フロリダ“オサメユキ”。白い葉から緑の葉へ変化していく。④“リトルサムライ”と愛称をつけたサンセベリア。サムライと呼ばれている品種の矮性種。

⑤仏さまに拝んでいる手のような形から名付けたバナナ、仏芭蕉。⑥葉がコウモリの羽のようになっているコウモリラン。一時は幻の植物と呼ばれた、マダガスカルにしか自生しない品種。⑦成長点が突然変異で分離し綴化した巨大インド鶏頭。⑧岩ヒバ。プラントハンター人生のベスト5に入る逸品。

1 2

3 4

①ユッカ・ロストラータ。メキシコの砂漠に自生する草。耐寒性マイナス15度。②ビスマルキア・ノビリス。銀色に輝くヤシは世界中のヤシファンが憧れている。③ダシリリオン・ロンギシマム。メキシコの限られたプラントハンターだけが採ることを許されている。④チャメロプス・フミリス“セリフェラ”。モロッコの山にしか生えない銀色の葉を持つ地中海ヤシの変種。寒さにも乾燥にも強い。

苔むした古《ひ》ね木《ぎ》に大輪の花が咲く。「本桜」と呼ばれる品種。

固定概念をくつがえした奇跡の花、“ひまわる”。

2011年2月ソコトラ島。この崖にしか生えないボスウェリアの枝をとりにいく。落ちたら命はない。地元の人は断崖絶壁で危険なため、近づかない。

プラントハンター
命を懸けて花を追う
西畠清順
徳間書店